煤矿生产作业违章行为典型案例及规范操作方法

本书编写组◎编

中国工人出版社

前　　言

近年来，随着国家对“以人为本，安全发展；安全第一，预防为主”的重视程度越来越高，各种法律法规相继出台，各级政府对煤矿安全监管的力度逐步加大，煤矿企业本身的管理制度也越来越完善，煤矿安全生产事故在逐年减少，所有这些进步都体现了我国在煤矿安全生产方面已经取得了显著的成效。但是，随着开采环境的更加多变、井下地质构造条件的进一步复杂、矿井开采深度的增加，开采的难度越来越大，瓦斯突出、支护问题、冲击地压、矿井水害等自然灾害问题也进一步突出，加上各煤矿生产力水平不均衡，部分煤矿的安全基础管理依然薄弱，煤矿重特大事故依旧没有得到有效遏制，安全生产形势依然严峻。因此加强管理、规范操作，以避免物的不安全状态和人的不安全行为依然至关重要。

“工欲善其事，必先利其器”，想要遏制煤矿重特大事故的发生，管理部门要十分重视安全培训工作，坚持“安全第一、预防为主、综合治理”的安全生产方针，创建学习型企业，培育知识性员工，不断提高员工的安全意识、操作技能和职业素养，规范操作流程，做到未雨绸缪，将事故隐患扼杀在摇篮里。

本书编写主要遵循“贴近事实，通俗易懂”的原则，以强化安全意识、减少“三违”事故、规范作业行为为目标，从支护、通风、爆破、运输提升、掘进、机电系统、采煤和防水八个方面进行阐述。这八个方面都易存在违章行为，发生安全事故。其中每个章节又分经常出现的违章行为、典型案例及分析、正确操作规程三个部分进行具体说明；整个过程层层深入，落实到煤矿生产的细微处，借以希望每个人都能将“安全”牢记心中，勿以事小而为之！

由于编者知识浅薄、水平有限，在编写过程中难免会有疏漏错误之处，恳请有关专家和广大读者批评指正。

编者

2016年4月

目　　录

第一章

支护工作中的违章行为典型案例及操作规程

支护工作在煤矿开采过程中的地位举足轻重，想要正常进行安全生产，就离不开安全的煤矿支护方式。只有支护安全，才能解决巷道开拓在煤层中，既能安全进尺到指定位置，以提高煤炭资源回收率，又能降低百米巷道维修费用。

一、支护工作中常见的违章行为

巷道支护能够加强巷道围岩的稳定性，使围岩体不发生垮塌，保护人身财产的安全。巷道在支护过程中经常出现的违章行为如下所述。

（1）临时支护选用规格不合理、强度太低的材料。

（2）未按巷道断面尺寸配备找顶工具。

（3）过地质构造带、压力异常区时，未按照专项措施的要求进行施工。

（4）迎头未按规定采取防片帮措施。

（5）未按规定使用临时支护。

（6）架棚巷道未使用撑木拉条。

（7）架棚巷道的背帮背顶塘柴的布置位置不符合要求，上不到肩，下不到底。

（8）架棚巷道的背帮背顶塘柴的数量不足。

（9）有空帮空顶现象。

（10）架棚巷道支架的规格质量不符合要求，有淋肩、吊斜、前倾、后仰等现象。

（11）锚杆的预紧力不够或锚杆（托盘）不能紧贴岩面。

（12）锚杆锚索的间排距、角度、外露等不符合要求。

（13）安装锚杆、锚索时锚固剂的数量不够，或凝固时间不够。

（14）锚梁网的搭接长度不够，联网质量不符合要求。

（15）喷浆前未冲洗巷帮。

（16）喷浆管的接头不牢固。

（17）喷浆料的配比不符合规定。

（18）喷浆施工工艺不符合作业规程规定。

（19）喷浆厚度达不到设计规定。

（20）处理堵塞的喷浆管路时，喷浆口的前方及其附近有人停留。

（21）喷浆后未进行洒水养护。

（22）喷浆完毕后，未卸开喷头、清理水环及喷射机内外部灰浆。

（23）浆体开裂并有脱落危险时，未及时处理。

（24）煤巷锚杆支护巷道未按规定布置顶板离层观测仪。

（25）顶板离层量超过临界值未采取加固措施。

（26）在顶板岩性较软，锚杆无法生根在硬岩的情况下，仍采用锚杆支护。

（27）支架变形严重时未采取加强支护措施。

（28）进入迎头作业之前未检查顶板、支护等情况，未进行“敲帮问顶”就进行其他作业。

这些违章行为将直接导致顶板垮落、帮垮塌等一系列严重后果。

二、典型案例及分析

1．临时支护选用规格不合理、强度太低的材料

案例：顶板临时支护差冒落事故

2007 年 11 月，21301 改造巷由于临时支护搭建不结实，造成顶板脱落，险些造成伤亡事故。

◎ **事故经过**

2007 年 11 月某日夜班，21301 改造巷正常掘进。接班后打眼工打眼、装药、放炮。放炮后，班长在敲帮问顶后，用上前探梁、背上金属网，算是临时支护。工作面出煤后，职工李某和赵某准备使用风镐开两边的肩窝，发现风镐不好用，就开始修理。约 5 分钟后修好，开始开肩窝。突然，听到“扑通”一声，从顶板冒落下一约 2 m×0.5 m 的巨石。由于上山巷道坡度大，岩石向下滚动，正在后面作业的李某和赵某幸运地被别人从前面拽了出来，未造成伤害。

◎ **事故原因**

（1）放炮后，临时支护前探梁使用不规范，未接实顶板，而是随便穿上前探梁棚上网了事，使风镐产生振动，是造成事故的直接原因。

（2）跟班队长监督不到位，班长是现场安全责任人，疏忽安全管理，有安全设施但不能规范使用，是造成事故的间接原因。

◎ **防范措施**

（1）加强“敲帮问顶”制度的落实，一定要彻底查找活矸，不留隐患。

（2）严格按规程措施使用前探梁，背实背牢，有效地起到临时支护作用。

（3）在特殊条件下施工，要做到 1 人施工、1 人监护，做好互保联保工作。

（4）放炮后，矿山压力重新分布，肩窝处的压力明显增加，在处理肩窝时

尽量使用手镐，不要使用振动力大的风镐。

2．过地质构造带、压力异常区时未按专项措施的要求进行施工

案例：大隆矿“1981·1·17”顶板事故

1981年1月17日16时45分，大隆矿W17-1 S2炮采工作面由于顶板支架不牢，导致顶板落下，最终王某被埋死亡。

◎ **事故经过**

1981年1月17日16时45分，大隆矿W17-1 S2炮采工作面回收班班长郝某检查完回收现场，发现中间段顶板不好。他安排三组回收，中间段是他和支护工王某、刮板输送机工杨某负责。回收前，郝某告诉王某先打好密集支柱的戗顶子，铁腿子要用木腿替换着回收。然后他就去回收抱木料了。王某、杨某打了3棵戗顶子，用木柈打替顶子回收，回收到第6棵时，王某用大头镐打了4镐，因顶板压力大，铁腿没落，随即又打了一镐，铁腿落了，顶板也随之落下，推倒了密集支柱，王某躲闪不及被埋，扒出后已死亡。

◎ **事故原因**

（1）中间段回收处，上帮顶板掉顶，用大柈刹顶时没有接顶造成支架不牢，没有初撑力，回收时顶板冒顶，支架没起到作用，推倒密集支柱。

（2）回收时，戗顶子不合格，没有木梁，顶板来压时，戗顶子不起作用。

◎ **防范措施**

（1）回采工作面有掉顶处，刹顶一定要接到顶板，要刹严、刹紧。

（2）回收时要打好戗顶子，顶板不好，有推密集支柱危险的地方，必须打好戗顶子，戗顶子一定要用木梁，严禁使用铁顶子直接戗在铁支柱上。

3．迎头不按规定采取防片帮措施

案例：小青矿“1991·10·19”片帮事故

1991年10月19日，小青矿工人厚某由于对片帮隐患的处理方式不当，无法躲闪，经抢救无效死亡。

◎ **事故经过**

1991年10月19日白班，小青矿队长张某主持班前会。张队长讲，从今天开始到月末，我们按矿里要求，平均日产要确保400吨，同时要保证采场工程质量，注意安全。然后由班长马某分工，厚某被分工攉煤，于是大家更衣入

井。入井后，工作面机头余15块板，于9时开始放炮，机头15块板干完后又从机尾开始放炮。放炮后，班长马某将帮、顶检查了一遍，发现距机尾38.6 m处即厚某的作业地点有片帮的危险，就进行了处理。但是，由于尚未攉煤，煤大量堆积，无法再进行处理，于是班长马某就干其他活儿去了。厚某在煤将要攉完、处理有片帮危险的煤壁时，由于方法不当，退路选择不正确，在发生片帮躲闪时，头部撞到单体支柱三用阀上，横仰卧在刮板输送机上，双脚被片帮大块煤压住（煤块长1.5 m，宽0.65 m，厚0.65 m）。在他身边作业的李某和王某立即打信号关停刮板输送机，副队长王某立即组织大家将厚某的双脚从大块煤下扒出，送到医院后经抢救无效死亡。

◎ **事故原因**

（1）攉煤作业的厚某已发现煤壁有片帮危险，但在处理时，由于方法不当，退路选择不正确，未能做到自保。

（2）班长在检查帮、顶时发现该处有片帮的危险，也进行了处理，但没有留下来在厚某攉煤过程中进行彻底处理和监护，没有彻底消除安全隐患。

◎ **防范措施**

（1）继续加强对职工的安全思想教育，进一步提高安全意识。

（2）对安全隐患要做到处理及时、彻底，不留后患。

（3）加强自主安保教育，严格要求职工按操作规程进行作业，提高工人的技术素质，提高自我防范能力，坚持“三不生产”，做到“三不伤害”。

4．空顶时间长，无临时支护

案例：大隆矿“1990·5·12”顶板事故

1990 年 5 月 12 日，大隆矿多种经营公司采煤工作面由于放炮后空顶的时间较长，工人作业没有敲帮问顶，导致顶板落石，郭某因躲闪不及死亡。

◎ **事故经过**

1990年5月12日，大隆矿多种经营公司采煤工作面四点班班长陆某和职工郭某被分配到该工作面距机头38.5 m处出煤。因上班放炮后罐笼煤满只出完48 m，还有22 m煤没有出完，无法打正规支柱，并有3棵顶梁没有铰接，只在一棵端头打了一棵临时支柱。郭某准备先维护自己的分段处，就用大头镐敲铁腿准备挂梁，柱腿缩后顶板掉下一块锅底状的自滑面石头（长1.3 m，宽1.2 m，厚0.4～0.6 m），郭某因躲避不及时被压在下面，因头部伤势较重，经抢救无效死亡。

◎ 事故原因

（1）放炮后空顶的时间较长，面积较大，并且没挂铰接顶梁、打临时腿支护。

（2）带班队长陆某安全意识淡薄，对事故隐患没能及时发现和处理。

（3）死者郭某违章作业，翻临时支柱前没有“敲帮问顶”，没有遵循“先打后翻”的原则。

◎ 防范措施

（1）认真落实局发炮采工作面顶板管理的十条规定，加强采场工程质量的管理，严格按作业规程施工，严禁违章作业。

（2）认真执行“敲帮问顶”制度，作业前要认真检查作业地点的顶板支护及安全状况，发现问题及时处理。

（3）认真执行作业规程的各项要求，在改柱作业时要做到“先打后翻”。

5．对应力集中的巷道没有加强防护

案例：潘北矿“2009·7·8”冒顶事故

2009年7月8日中班，采煤三队在1121（1）下顺槽（移变硐室处）发生一起冒顶事故。

◎ 事故经过

2009年7月8日中班，采煤三队在1121（1）下顺槽（移变硐室处）向外移控制台及开关车等设备。17时左右，两辆电缆车拉出以后，准备继续将开关车拉出，但开关车上方的电缆由于顶板下沉被卡住，开关车拉不出来。现场跟班人员安排打单体将卡住电缆处的顶板往上撑。就在开关车准备拉出来时，开关车上方的顶板下沉并将车压住，且顶板下沉变形较明显。此时现场跟班人员安排对巷道两头打挑棚加固。约19时，发现巷道整体下压，高帮掉顶，就及时安排撤人。过了十几分钟，开关车上方顶板冒落下来（约12 m×4 m）。

◎ 事故原因

（1）此段巷道受工作面回采超前压力的影响，顶板下沉，未及时采取加强支护措施。

（2）该处改棚未严格遵循“先架后拆”的原则，挑棚未及时支护。

（3）该处为双硐，巷道跨度大且为构造处。

◎ 防范措施

（1）加强对锚网索支护巷道的检查，发现锚杆、锚索失效，顶板下沉坠肚等异常情况，要及时采取加强支护措施。

（2）1121（1）工作面上、下风巷锚梁网支护段，每隔 1.5 m 加一排挑棚，提高支护强度。

三、正确操作规程

1．支护工操作规程

◎ 事故经过

（1）施工前，支护工必须认真学习并掌握作业规程中规定的支护形式和支护技术参数。施工过程中，必须按支护说明书和质量标准要求精心操作，安全施工。

（2）施工过程中不得使用的支护材料及支架。

①不符合作业规程规定的支护材料。

②严重锈蚀或变形的金属支架。

③过期失效的树脂锚固剂、速凝剂、减水剂、水泥、未经淘洗的河沙、碎石或不合格的锚杆杆体。

（3）施工时，严禁空顶作业。必须按照作业规程规定采用前探梁支护。前探梁的材料、结构形式、构件质量等，必须符合作业规程规定。

（4）支护过程中，必须对工作地点的电缆、风筒、风管、水管及机电设备妥善保护，不得损坏。

（5）采用棚子支护或砌碹支护时，棚腿或碹墙基础严禁架筑在浮煤浮矸上。

（6）采用锚喷支护时，锚杆的锚固力，喷射混凝土厚度、强度等参数必须达到设计要求。

（7）放炮崩倒、崩坏的支架应及时进行修复或更换。修复支架前，应先找掉危石、活矸。扶棚或更换支架，应从外向里逐架依次进行。

（8）在倾斜巷道内架棚，必须有一定的迎山角。迎山角的值应符合作业规程的规定，支架不得退山。

（9）架棚巷道棚子之间必须安设拉杆或撑木。上、下山巷道棚子之间，必须使用金属拉杆，碛头 10 m 内还应敷设防倒器或采取其他防止放炮崩倒支架的措施。

（10）巷道支护高度超过 2 m，或在倾角大于 30 度的上山进行支护施工，必须有脚手架或搭设工作平台。

◎ 操作前的准备工作

（1）施工前，要备齐支护材料和施工工具，以及用于临时支护的前探梁和处理冒顶的应急材料。

（2）支护前和支护过程中，要严格执行“敲帮问顶”制度，用长柄工具及时处理危岩、活矸。

（3）支护前，应按中、腰线检查巷道毛断面的规格质量，处理好不合格部位。

（4）施工前，要掩护好风、水、电等管线设施。施工设备要安放到规定地点。

◎ 操作顺序

架棚应按下列顺序操作。

（1）将中、腰线延长到架棚位置。

（2）按巷道设计净宽或梯形棚底宽，用中线分至两侧，找出柱窝位置。

（3）挖柱窝至设计深度，清到实底。

（4）立柱腿并支撑稳定。

（5）上顶梁，背齐、背紧顶帮，打紧楔子。

（6）固定好前探梁及防倒器。

2. 锚杆支护工操作规程

（1）在支护前和支护过程中要敲帮问顶，及时摘除危岩悬矸。

①应由两名有经验的人员担任这项工作，一人敲帮问顶，一人观察顶板和退路。敲帮问顶人员应站在安全地点，观察人应站在找顶人的侧后面，并保证退路畅通。

②敲帮问顶应从有完好支护的地点开始，由外向里，先顶部后两帮依次进行，敲帮问顶范围内严禁其他人员进入。

③用长把工具敲帮问顶时，应防止煤矸顺杆而下伤人。

④顶帮遇到大块断裂煤矸或煤矸离层时，应首先设置临时支护，保证安全后，再顺着裂隙、层理敲帮问顶，不得强挖硬刨。

（2）严禁空顶作业，临时支护要紧跟工作面，其支护形式、规格、数量、使用方法必须在作业规程中规定。放炮前最大控顶距不大于锚杆排距，放炮后最大控顶距不大于锚杆排距＋循环进度。

（3）煤巷两帮打锚杆前用手镐刷至硬煤，并保持煤帮平整。

（4）施工过程中不得使用的支护材料。

①不符合作业规程规定的锚杆和配套材料及严重锈蚀、变形、弯曲、径缩的锚杆杆体。

②过期失效、凝结的锚固剂。

③网格偏大、强度偏低、变形严重的金属网。

（5）锚杆眼的直径、间距、排距、深度、方向（与岩面的夹角）等，必须符合作业规程规定。

①使用全螺纹钢等强锚杆，锚孔深度应保证锚杆外露长度 30～50 mm。

②巷帮使用管缝式锚杆时，锚杆眼深度与锚杆长度相同。

③对角度不符合要求的锚杆眼，严禁安装锚杆。

（6）安装锚杆时，必须使托盘（或托梁、钢带）紧贴岩面，未接触部分必须楔紧垫实，不得松动。

（7）锚杆支护巷道必须配备锚杆检测工具，锚杆安装后，对每根锚杆进行预紧力检测，不合格的锚杆要立即上紧；对锚杆锚固力进行抽查，不合格的锚杆必须重新补打。

（8）当工作面遇断层、构造时，必须补充专门措施，加强支护。

（9）要随打眼随安装锚杆。

（10）锚杆的安装顺序：应从顶部向两侧进行，两帮锚杆先安装上部、后安装下部。铺设、连接金属网时，铺设顺序、搭接及连接长度要符合作业规程的规定。铺网时要把网张紧。

（11）锚杆必须按规定做拉力试验。煤巷必须进行顶板离层监测，并用记录牌板显示。

（12）巷道支护高度超过 2.5 m，或在倾角较大的上、下山进行支护施工时，应有工作台。

（13）操作前的准备工作。

①备齐锚杆、网、钢带等支护材料和施工机具。

②检查施工所需风、水、电。

③执行掘进钻眼工相应规定。

④检查锚杆、锚固剂等支护材料是否合格。

⑤按中、腰线检查巷道荒断面的规格、质量，处理好不合格的部位。

（14）锚杆支护工必须按以下顺序进行操作。

①敲帮问顶，处理危岩悬矸。

②进行临时支护。

③打锚杆眼。

④安装锚杆、网、钢带（梁）。

⑤检查、整改支护质量，清理施工现场。

（15）敲帮问顶，处理危岩悬矸。

（16）及时按照作业规程规定进行临时支护。

（17）打锚杆眼必须按以下顺序进行操作。

①敲帮问顶，检查工作面围岩和临时支护情况。

②确定眼位，做出标记。

③在钎杆上做好眼深标记。

④用煤电钻、风钻或锚杆钻机打眼。使用风钻、煤电钻、风煤钻打眼时，按掘进钻眼工相应规定执行；使用锚杆机打眼时，按锚杆支护工第19 条执行。

⑤打锚杆眼时，应从外向里进行；同排锚杆先打顶眼，后打帮眼。断面小的巷道打锚杆眼时要使用长短套钎。

（18）锚杆（网、钢带等）安装。

①清理锚杆眼。

②检查钻孔质量，不合格的必须处理或补打。

③按所使用锚杆的正规操作程序及时打锚杆，压好锚盘、托板，使用工具上紧，预紧力符合要求。

（19）树脂锚杆安装。

①清锚杆眼。

②检查锚杆眼深度，其深度应保证锚杆外露长度为30～50 mm。锚杆眼的超深部分应填入炮泥或锚固剂；未达到规定深度的锚杆眼，应补钻至规定深度。

③检查树脂药卷，破裂、失效的药卷不准使用。

④将树脂药卷按照安装顺序轻轻送入眼底，用锚杆顶住药卷，利用快速搅拌器搅拌，直到感觉有负载时，停止锚杆旋转。树脂完全凝固后，开动快速搅拌器，带动螺母拧断剪力销，上紧螺母。在树脂药卷没有固化前，严禁移动或

晃动锚杆体。

⑤全螺纹钢等强锚杆要采用左旋搅拌方式。

⑥套上托盘，上紧螺母。

（20）支护完毕后，检查所有锚杆的预紧力，不合格的及时上紧。

3．架棚支护工操作规程

（1）施工过程中不得使用的支护材料及支架。

①不符合作业规程规定的支护材料。

②腐朽、劈裂、折断、过度弯曲的坑木。

③露筋、折断、缺损的混凝土棚。

④严重锈蚀或变形的金属支架。

（2）施工时，必须按照作业规程规定，采用前探梁支护或其他临时支护形式，严禁空顶作业。其支护材料、结构形式、质量应符合作业规程规定。

（3）支护过程中，必须对工作地点的电缆、风筒、风管、水管及机电设备等妥善保护，不得损坏。

（4）严禁将棚腿架设在浮煤、浮矸上。

（5）放炮崩倒、崩坏的支架应及时修复或更换。修复支架前，应先找掉危石、活矸处，做好临时支护；扶棚或更换支架，应从外向里逐架依次进行。

（6）在倾斜巷道内架棚，必须有一定的迎山角，迎山角的值应符合作业规程的规定。支架必须迎山有力，严禁支架退山。

（7）架棚巷道支架之间必须安设牢固的拉杆或撑木。工作面 10 m 内应敷设防倒器或采取其他防止放炮崩倒支架的措施。

（8）对工程质量必须坚持班检制度和抽检制度，隐蔽工程要填写“隐蔽工程记录单”。

（9）在压力大的巷道架设对棚时，对棚应一次施工，不准采用补棚的方法，以免导致棚高低不平，受力不均。

（10）巷道支护高度超过 2 m，或在倾角大于 30 度的上山进行支护施工时，应有脚手架或搭设工作平台。

（11）架棚后应对以下项目进行检查，不合格时应及时进行处理。

①梁和柱腿接口处是否严密吻合。

②混凝土支架是否按要求放置木垫板。

③梁、腿接口处及棚腿两端至中线的距离是否符合规定。

④腰线至棚梁及轨面的距离是否符合规定。

⑤支架有无歪扭迈步、前倾后仰现象。

⑥支架帮、顶是否按规定背紧、背牢。

（12）背帮、背顶材料要紧贴围岩，不得松动或空帮空顶。顶部和两帮的背板应与巷道中线或腰线平行，其数量和位置应符合作业规程规定。梁腿接口处的两肩必须加楔打紧，背板两头必须超过梁（柱）中心。

（13）底板是软岩（煤）时，要采取防止柱腿钻底的措施。在柱腿下加垫块时，其规格、材质必须符合作业规程规定要求。

（14）采用人工上梁时，必须手托棚梁，稳抬稳放，不要将手伸入柱梁接口处；采用机械上梁时，棚梁在机具上应放置平稳，操作人员不得站在吊升梁的下方作业。

（15）架设梯形金属棚时应遵守的规定。

①严禁混用不同规格、型号的金属支架，棚腿无钢板底座的不得使用。

②严格按中、腰线施工，要做到高矮一致、两帮整齐。

③柱腿要靠紧梁上的挡块，不准打砸梁上焊接的扁钢或矿工钢挡块。

④梁、腿接口处不吻合时，应调整梁腿倾斜度和方向，严禁在缝口处打入木楔。

⑤按作业规程规定背帮、背顶，并用木楔插紧，前、后棚之间必须上紧拉钩和打上撑木。

⑥固定好前探梁及防倒器。

（16）在井下加工梯形木棚时应遵守的规定。

①用量具准确度量棚梁和柱腿的尺寸。

◎柱腿用料时，要将料的粗端在上，超长的坑木只准截去细端。

◎按作业规程中规定的接口方式和规格量、画好勒口线，柱口和梁口的深度不得大于料径的 1/4 。

◎用弯料时，必须保证料的弓背朝向巷道顶帮。

②锯砍棚料时的注意事项。

◎锯砍棚料时，应将木料放平稳，以免发生滚动。

◎砍料时，要注意附近人员和行人的安全，斧头和斧把不得碰在障碍物上。

◎砍料人不得将脚伸到砍料处附近。

◎及时清除粘连在斧头上的木屑，注意木料上的木节、钉子，避免砍滑伤人。

◎锯、砍料的地点，应避开风、水管路和电缆。

（17）架设混凝土棚时应遵守的规定。

①混凝土支架接口处，要垫经防腐处理的木板或可塑性材料。

②找正支架时，不准用大锤直接敲打支架；必须敲打时，应垫上木块等可塑性材料，保护支架不被损坏。

③混凝土支架巷道应采用预制水泥板背顶、背帮，梁柱不准直接与顶、帮接触。

④在煤层和软岩巷道中，混凝土支架紧跟工作面时，必须采取防炮崩的加固措施，确保不崩倒、崩坏混凝土支架。

（18）架设拱形棚时应遵守的规定。

①拱梁两端与柱腿搭接吻合后，可先在两侧各上一只卡缆，然后背紧帮、顶，再用中腰线检查支架支护质量，合格后即可将卡缆上齐。卡缆拧紧扭矩不得小于 150 N • m。

② U 形钢搭接处严禁使用单卡缆。其搭接长度、卡缆中心距均要符合作业规程规定，误差不得超过 10%。

（19）架设无腿拱形支架时，应先根据设计要求打好生根梁孔，再安设生根梁桩，并浇注混凝土稳固，7 天后才可上梁。

（20）施工前，要备齐支护材料和施工工具以及用于临时支护的前探梁和处理冒顶的应急材料。

（21）检查支架质量，严禁混用不同规格、不同型号的金属支架，不得使用中间焊接的棚头，棚头与棚腿之间必须有防错位装置。

（22）支护前和支护过程中，要经常敲帮问顶，用长柄工具及时处理危岩、活矸。

（23）支护前，应按中、腰线检查巷道毛断面的规格质量，处理好不合格的部位。

（24）上、下山架棚时，必须先停止车辆运行。架棚地点下方不得有人行走或逗留，上山架棚地点下方设好挡矸卡子。

（25）施工前，要掩护好风、水、电等管线设施；施工设备要安放到规定地点。

（26）架棚支护的操作顺序。

①备齐工具和支护材料。

②排除隐患。

③移前探梁、架棚梁、接顶。

④将中、腰线延长至架棚位置。

⑤挖腿窝。

⑥立棚腿。

⑦背顶、背帮。

⑧使好撑木、拉杆、联棚器等稳固装置。

⑨检查架棚质量，清理现场。

（27）梯形棚架设的操作顺序。

①安全检查，排除安全隐患。

◎放炮前加固工作面 10 m 之内的支架。

◎放炮后由外向里逐棚检查、整修。

②做好临时支护。

◎使用铰接式前探梁时，铰接顶梁要与棚距相匹配。放炮后在工作面最前面的架棚头上安好吊梁器，铰接顶梁，插上水平销并上好需要架设的棚头，调整好中、腰线和扭矩，并背实顶板，棚梁前方空顶区用方木背实。铰接顶梁不少于 10 架，交替前移使用，并做到每梁必铰。

◎使用吊梁式前探梁时，放炮后将前探梁前移至工作面固定牢固，上好需要架设的棚头，调整好中、腰线，并背实顶板，棚梁前方空顶区用方木背实。

③挖腿窝：先量取棚距，按中线和下宽定腿窝位置，按腰线确定其深度。控制好顶、帮后，再把腿窝挖至设计深度。挖腿窝时，须由专人监护。

④立棚腿：竖上棚腿，调整好扎角，并稳固好棚腿。

⑤合棚梁：前探梁上的棚头与棚腿合口，先合一头，再合另一头。禁止人员在下方逗留或通过。

⑥合口后将支架找正，压肩初步固定。

⑦检查支架的架设质量，符合质量标准后，再背顶、背帮，楔紧打牢，并按设计位置使用撑木、拉杆、联棚器等稳固装置。

（28）在顶板完整、压力不大的梯形棚支护巷道架设抬棚时，应按下列顺序施工。

①在老棚梁下先打好临时点柱，点柱的位置不得有碍抬棚的架设。

②摘掉原支架的柱腿，根据中、腰线找好抬棚柱窝的位置，并挖至设计深度。

③按架设梯形棚的要求立棚腿、上抬棚梁。

④将原支架依次换成插梁，最靠边的两根插梁应插在抬棚梁、腿接口处。更换插梁不准由中间向两翼进行。

⑤背好顶、帮，打进木楔。

⑥上好抬棚卡子。

⑦采取可靠措施，使抬棚腿生根。

（29）在顶板不完整、压力大的梯形棚支护巷道架设抬棚时，应按下列顺序施工。

①将原支架逐棚换成插梁，在插梁下打好托棚。所有插梁都应保持在同一水平面上。

②架设主抬棚，抬住已替好的插梁。

③撤除托棚。

④逐架拆除原支架并调整插梁，背实顶、帮。

⑤架设辅助抬棚。

⑥上好抬棚卡子。

⑦采取可靠措施，使抬棚腿生根。

4．锚喷支护工操作规程

（1）执行锚杆支护工的相应规定。

（2）不得使用凝结、失效的水泥及速凝剂，以及含泥量超过规定的沙子和石子。

（3）支护过程中必须对支护地点的电缆、风水管线、风筒及机电设备等进行保护。

（4）喷射混凝土前，必须对锚杆、金属网质量进行检查，确保达到规程要求。

（5）巷道过断层、破碎带及过老、空等特殊地段时，必须加强临时支护，并派专人负责观察顶板。

（6）喷浆机运转时，严禁手或工具进入喷浆机内。

（7）喷射混凝土的注意事项。

①一次喷射混凝土厚度达不到设计要求时，应分次喷射，但复喷间隔时间不得超过 2 小时，否则应用高压水冲洗受喷面。

②遇有超挖或裂缝低凹处，应先喷补平整，然后再正常喷射。

③严禁将喷头对准人员。

④喷射过程中，如发生堵塞、停风或停电等故障时，应立即关闭水门，将喷头向下放置，以防水流入输料管内；处理堵管时，采用敲击法疏通料管，喷射口前方及其附近严禁有人逗留或通过。

⑤在喷射过程中，喷浆机压力表突然上升或下降，摆动异常时，应立即停机检查。

⑥喷浆时严格执行除尘及降尘措施，喷射人员要佩戴防尘口罩、乳胶手套和眼镜。

⑦喷射工作结束后，喷层在 7 天以内每班洒水一次，7 天以后每天洒水一次，持续养护 28 天。

（8）喷射混凝土的骨料应在地面拌匀。

（9）金属网联网扣距、联网铁丝规格应符合作业规程规定。

（10）定期进行混凝土强度检测，对不合格的地段必须进行补强支护。

（11）锚喷支护前的准备工作。

①备齐锚杆、网、钢带等支护材料和施工机具。

②检查施工所需风、水、电。

③执行掘进钻眼工的规定。

④检查锚杆、锚固剂、水泥等支护材料是否合格。

⑤检查临时支护，清理浮煤、浮矸，平整施工场地。

⑥按中、腰线检查巷道荒断面的规格、质量，处理好不合格的部位。

⑦根据中、腰线确定锚杆眼的眼位，做出明确标记。

（12）喷浆前的准备工作。

①检查风水管、电缆是否完好，有无漏风、漏水、漏电现象。

②检查喷浆机是否完好，并送电空载试运转，紧固好摩擦板，防止漏风。

③检查锚杆安装和金属网铺设是否符合设计要求。

④输料管路要平直，不得有急弯，接头必须严紧，不得漏风。严禁将非抗静电的塑料管做输料管使用。

⑤喷浆前，按中、腰线检查巷道断面尺寸，清基、挖地槽，并安设喷厚标志。

⑥有明显涌水点时，打孔埋设导管导水。

（13）锚（网）喷支护的操作顺序。

①备齐施工机具、材料。

②安全质量检查，处理危岩悬矸。

③初喷。

④打锚杆眼。

⑤安装锚杆、压网、联网。

⑥复喷。

⑦检查、整改支护质量，清理施工现场。

（14）爆破后处理工作面危岩悬矸立即进行初喷等临时支护。过断层破碎带时，应使用金属前探梁做临时支护。

（15）打锚杆眼要执行锚杆支护工的规定。

（16）安装锚杆要执行锚杆支护工的规定。

（17）喷射混凝土。

①配料、拌料。

◎利用筛子、斗检查粗、细骨料配比是否符合要求。

◎检查骨料含水率是否合格。

◎按设计配比将水泥和骨料送入拌料机，上料要均匀。

◎检查拌好的潮料含水率，要求能用手握成团，松开手似散非散，吹无烟。

◎必须按作业规程规定的掺入量，在喷射机上料口处均匀加入速凝剂。

②喷射。

◎开风，调整水量、风量，保持风压不得低于 0.4 兆帕。

◎喷射手操作喷头，自上而下冲洗岩面。

◎送电，开喷浆机、拌料机，上料喷浆。

◎根据上料情况再次调整风、水量，保证喷面无干斑、无流淌。

◎喷射手分段按自下而上、先墙后拱的顺序进行喷射。

◎喷射时喷头尽可能垂直于受喷面，夹角不得小于 70 度。

◎喷头距受喷面保持 0.6 ～ 1 m。

◎喷射时，喷头运行轨迹应呈螺旋状，按直径 200 ～ 300 mm，一圆压半圆的方法均匀缓慢移动。

◎应配两人，一人持喷头喷射，一人辅助照明并负责联络、观察顶帮安全和喷射质量。

③停机。喷浆结束时，按先停料、后停水、再停电、最后关风的顺序操作。

（18）清理水环和喷射机内外部的灰浆或材料，盘好风水管。

（19）清理、收集回弹物，并将当班拌料用净或用作浇筑水沟的骨料。

（20）喷射混凝土 2 小时后开始洒水养护，28 天后取芯检测强度。

（21）每班喷完浆后，将控制开关手把置于零位，并闭锁，拆开喷浆机清理内外卫生，做好交接班准备工作。

第二章

通风工作中的违章行为典型案例及操作规程

矿井通风与矿井瓦斯、煤尘、火灾等有着直接的联系。由于井下条件复杂多变，在矿井通风系统中往往会出现许多不安全的通风问题，若管理失控或处理不当，则会造成灾害事故。

一、通风工作中经常出现的违章行为

煤矿巷道的通风不良是影响煤矿安全生产的重要因素之一，常见的通风不良情况有以下几种。

（1）通风系统不完整、不独立。

（2）通风系统不稳定、不可靠。

（3）无计划的突然停电、停风。

（4）在处理局部积聚瓦斯时无安全措施，或在执行措施时送风量失控。

（5）通风设施遭到破坏。

这些情况的出现，都会引发“一通三防”事故。

巷道在通风工作中经常出现的违章行为如下所述。

1．矿井通风

（1）煤矿企业在编制生产建设长远发展规划和年度生产建设计划时，未同时编制安全技术发展规划和安全技术措施计划。

（2）煤矿企业未编制矿井灾害预防和处理计划。

（3）井下空气成分不符合《煤矿安全规程》要求。

（4）矿井井巷中的风流速度不符合《煤矿安全规程》规定。

（5）生产矿井采掘工作面的空气温度超过 30℃、机电设备硐室的空气温度超过 34℃，仍未停止作业。

（6）矿井超通风能力生产。

（7）矿井未建立测风制度。

（8）矿井无完整独立的通风系统。

（9）巷道贯通后，未停止采区内的一切工作，未立即调整通风系统，待风流稳定后，再恢复工作。

（10）进、回风井之间和主要进、回风巷之间的每个联络巷中，未砌筑永久性风墙；需要使用的联络巷，未设置两道连锁的正向风门和两道反向风门。

（11）生产水平和采区未实行分区通风。

（12）采、掘工作面未实行独立通风。

（13）采区开采结束后 45 天内，未全部封闭采区。

（14）矿井未采用机械通风，采用自然通风。

（15）生产矿井主要通风机不装设反风设施。

（16）未按规定检查反风设施、进行反风演习。

（17）矿井采用局部通风机或风机群作为主要通风机使用。

（18）矿井漏风率高于 15%。

（19）通风系统中有违反《煤矿安全规程》的串联通风、采区经采空区通风和采煤工作面利用局部通风机进行通风。

（20）回风巷道失修率高于 7%，严重失修率高于 3%。

（21）装有通风机的井口封闭不严密，其外部漏风率在无提升设备时超过 5%，有提升设备时超过 15%。

（22）局部通风机运转时发生循环风。

（23）局部通风机吸风口无风罩和整流器。

（24）局部通风机高压部位无衬垫漏风。

（25）局部通风机离地高度小于 0. 3 m。

（26）局部通风机未装消音器。

（27）局部通风机无专人进行管理。

（28）使用局部通风机通风的掘进工作面，因故停止运转，恢复通风前不检查瓦斯。

（29）随意开、停局部通风机。

（30）一台局部通风机同时向两个掘进作业工作面供风。

（31）使用局部通风机供风的地点未实行风电闭锁。

（32）采区变电所无独立的通风系统。

（33）临时停工的地点也予以停风。

（34）因检修、停电等原因停风时，未切断电源，未撤出人员，未设置栅栏、悬挂警标。

（35）风筒接头不严密、漏风。

（36）风筒接头中软质风筒接头未实行双反接头，铁风筒接头未加垫圈，螺丝未上紧。

（37）风筒吊挂不平直、不环环吊挂、未做到“一直两靠”（吊挂平直、靠帮、靠顶）。

（38）风筒拐弯处不设弯头，不缓慢拐弯，拐死弯。

（39）异径风筒接头处未使用过渡节。

（40）风筒有破口，未及时粘补。

（41）井下火药库无独立的通风系统，其回风流不能直接引入矿井的总回风巷或主要回风巷中。

（42）井下充电室无独立的通风系统，回风风流不能引入回风流。

（43）井下充电室风流中及局部积聚处的氢气浓度大于0.5%。

（44）井下机电硐室未设在进风风流中。

2．监测监控

（1）高瓦斯矿井、煤（岩）与瓦斯突出矿井，未装备矿井安全监控系统。

（2）未安装矿井安全监控系统的采煤工作面，未安装甲烷断电仪。

（3）瓦斯矿井的采煤工作面未设置甲烷传感器。

（4）在回风流中的机电硐室的进风侧未设置甲烷传感器。

（5）掘进工作面将瓦斯探头及声光报警箱挂在风筒头和风筒漏风处。

（6）安全监控设备未按规定时间进行调试、校正。

（7）未设专职人员负责便携式甲烷检测报警仪的充电、收发及维护工作。

（8）矿长、矿技术负责人、爆破工、采掘与通风区（队）长、工程技术人员、班（组）长、流动电钳工下井时，未携带便携式甲烷检测仪。

（9）瓦斯检查工未携带便携式光学甲烷检测仪。

（10）高瓦斯、煤（岩）与瓦斯突出矿井的煤巷、半煤岩巷和有瓦斯涌出的岩石掘进工作面，未在工作面及其回风流中设置甲烷传感器。

（11）安全监测系统中心站不能24小时不间断正常监测。

（12）监测队未按规定建立设备仪表台账、传感器使用管理卡片、监测装置故障登记表、检修记录等。

（13）清洗巷道时，未注意保护监测探头，向监测探头浇水。

3．煤与瓦斯突出

（1）开采突出煤层时，未采取突出危险性预测、防治突出措施、防治突出措施效果检验、安全防护措施等综合防突措施。

（2）在突出区域工作的人员，未进行防突培训，不熟悉突出的预兆、避灾路线和防治突出的基本知识。

（3）在突出煤层顶底板掘进岩巷时，未定期验证地质资料、未及时掌握施工动态和围岩变化情况、未防止误穿突出煤层。

（4）在突出煤层中的突出危险区、突出威胁区，采用放顶煤采煤法、水力采煤法和非正规采煤法采煤。

（5）突出的煤未及时清理，不利于预防自燃，引起瓦斯煤尘爆炸。

（6）在突出煤层中的突出危险区、突出威胁区的采掘工作面，使用风镐作业。

（7）突出矿井的入井人员，未随身携带隔离式自救器。

4．防灭火

（1）生产和在建矿井未编制井上、井下防灭火措施。

（2）木料场、矸石山、炉灰场距离进风井小于 80 m，木料场距离矸石山小于 50 m。

（3）矿井未设地面消防水池和井下消防管理系统。

（4）井下使用灯泡和使用电炉取暖。

（5）井口房和通风机房附近 20 m 内，有烟火或用火炉取暖。

（6）在井下和井口房，采用可燃性材料搭设临时操作间、休息室。

（7）在井下和井口房从事电焊、气焊和喷灯焊接等工作。

（8）井上、井下未建立消防材料库。

（9）井上、井下消防材料库的备用品，未按《煤矿安全规程》规定配齐、配足。

（10）井下乱扔使用过的润滑油、棉纱、布头和纸等，未存放在盖严的铁桶内。

（11）消防材料库储备的设备、材料和工具，未建立明细台账，无专人保管，账、卡、物不能做到“三对口”。

（12）井上、井下消防材料库未配备消防列车，或井上库无轨道直达井口，井下库未设在井底车场主要运输大巷中。

（13）综放工作面安装设备前，未彻底处理高温火点等自然发火隐患，就进行设备安装。

（14）综放工作面开采过程中，两巷支护不随工作面推进及时回撤，未能放顶严实。

（15）综放工作面上下顺槽的上下隅角空巷长度超过 2 m。

（16）井下工作人员不熟悉灭火器材的使用方法和灭火器材的存放地点。

（17）将剩油、废油泼洒在井巷或硐室内。

（18）井下未在专门硐室内清洗风动工具。

（19）井下永久防火墙建筑质量不符合《煤矿安全规程》规定。

（20）每个火区未建立火区管理台账或未注明发火日期、地点、原因、火灾性质、火区位置、范围等。

（21）在火区不具备启封条件时，启封火区。

（22）永久密闭使用可燃性材料建筑。

（23）永久密闭墙体厚度小于 0.5 m，且漏风。

（24）密闭前 5 m 内支架不完好，有片帮、冒顶。

（25）密闭内有水的地方不设反水池或反水管。

（26）有自然发火煤层的采空区密闭未设观测孔、措施孔，孔口封堵不严。

（27）密闭前未设栅栏、警标、说明牌和检查箱。

（28）通车风门间距小于一列车长度。

（29）行人风门间距小于 5 m。

（30）矿井总回风和采区回风系统的风门未装有闭锁装置，风门能同时敞开。

（31）风门前后 5 m 内巷道支护不良好，有杂物、淤泥、积水。

5．瓦斯防治

（1）矿井未按规定进行瓦斯等级鉴定。

（2）瓦斯等级报告中无开采煤层的最短发火期和自燃倾向性、煤尘爆炸性的鉴定结果。

（3）瓦斯矿井中，相对瓦斯涌出量大于 10 m^3/t 或有瓦斯喷出的个别区域为高瓦斯区，该区未按高瓦斯矿井进行管理。

（4）矿井总回风巷或一翼回风巷中瓦斯浓度超过 0.75% 时，未查明原因就进行处理。

（5）采区回风巷、采掘工作面回风巷风流中瓦斯浓度超过 1.0% 时，未停止工作、撤出人员、采取措施，进行处理。

（6）专用排瓦斯巷回风流中瓦斯浓度超过 2.5%。

（7）体积大于 0.5 m^3 的空间内瓦斯浓度达到 2.0% 时，附近 20 m 内没有停止工作、撤出人员、切断电源，进行处理。

（8）出现瓦斯局部积聚时，未及时处理。

（9）停工区内瓦斯浓度达到 3.0% 不能立即处理时，未在 24 小时内完成封闭。

（10）在瓦斯超限区域内作业。

（11）局部通风机因故停止运转时，在恢复通风前未首先检查停风区内瓦斯浓度。

（12）局部通风机因故停止运转、恢复通风前，未检查局部通风机及开关附近 10 m 内风流中的瓦斯浓度。

（13）停风区瓦斯浓度在 1.0% ～ 3.0% 时，未采取安全措施控制风流排放瓦斯，搞“一风吹”。

（14）停风区内瓦斯浓度超过 3.0% 时，未制订安全排放瓦斯措施且未报矿技术负责人批准。

（15）在瓦斯排放过程中，瓦斯检查工没有检查排出的瓦斯与全风压风流混合处的瓦斯浓度，致使该处瓦斯浓度超过 1.5 %。

（16）在瓦斯排放过程中，采区回风系统内没有停电撤人。

（17）排放瓦斯时，在恢复通风的巷道风流中瓦斯浓度超过1.0%的情况下，便恢复局部通风机供风巷道内电气设备和采区回风系统内的供电。

（18）岩巷掘进遇有煤线或接近地质破碎带时，无专职瓦斯检查工检查瓦斯。

（19）矿井未建立瓦斯检查制度。

（20）瓦斯矿井采掘工作面每班瓦斯浓度检查次数低于 2 次，高瓦斯矿井采掘工作面每班瓦斯浓度检查次数低于 3 次。

（21）瓦斯检查工不认真填写瓦斯检查班报。

（22）纳入瓦斯检查范围的地点不设瓦斯检查记录牌板或瓦斯检查记录牌板内容不全。

（23）瓦斯检查工空班、漏检、假检。

（24）工作地点瓦斯浓度超限时，瓦斯检查工未责令现场人员停止工作，撤到安全地点。

（25）未做到井下停风地点栅栏外风流中的瓦斯浓度每天至少检查 1 次、挡风墙外的瓦斯浓度每周至少检查 1 次。

（26）通风值班人员未及时审阅瓦斯检查班报；矿长、矿技术负责人未及时审阅瓦斯检查日报。

（27）瓦斯检查工所填写的井下瓦斯检查记录牌板、瓦斯检查班报手册、瓦斯检查台账没有做到“三对口”。

（28）瓦斯检查工随意进入瓦斯浓度超过 3.0% 的区域。

（29）矿井总回风巷或一翼回风巷中二氧化碳浓度超过 0.75 % 时，未立即查明原因，进行处理。

（30）采掘工作面及其他作业地点风流中瓦斯浓度达 1.0% 时，仍用电钻打眼。

（31）爆破地点附近 20 m 以内风流中瓦斯浓度达 1.0 %，仍装药爆破。

（32）电动机或其开关安设地点附近 20 m 以内，风流中瓦斯浓度达 1.5% 时，未停止工作、切断电源、撤出人员，进行处理。

（33）瓦斯检查工未携带便携式光学甲烷检测仪。

6．粉尘防治

（1）生产矿井延深新水平时，未进行煤尘爆炸性实验。

（2）煤尘爆炸性鉴定资料未上报煤矿安全监察机构备案。

（3）采掘工作面没有完善的防尘供水管路而进行生产。

（4）主要运输巷、带式输送机斜井与平巷，上山与下山，采区运输巷与回风巷，采煤工作面运输巷与回风巷，掘进巷道、煤仓放煤口、溜煤眼放煤口、卸载点等地点没有敷设防尘供水管路。

（5）煤仓和溜煤眼放空，未保持一定的存煤。

（6）溜煤眼兼作风眼使用。

（7）掘进井巷和硐室时，不冲洗井壁巷帮、不使用水炮泥、不进行爆破喷雾等。

（8）装煤（岩）时不洒水。

（9）采煤工作面不采取煤层注水防尘措施。

（10）炮采工作面爆破前、后不冲洗煤壁。

（11）炮采工作面爆破时未进行喷雾除尘。

（12）炮采工作面出煤时不洒水。

（13）采煤机不安装内、外喷雾装置或喷雾装置失效。

（14）掘进机作业时，未使用内、外喷雾装置或内、外喷雾装置失效。

（15）液压支架不安装喷雾装置、降柱、移架或放煤时未同步喷雾。

（16）放顶煤采煤工作面的放煤口未安装喷雾装置，放煤时未喷雾。

（17）破碎机未安装防尘罩。

（18）采煤工作面回风巷不安设风流净化水幕。

（19）井下煤仓放煤口、溜煤眼放煤口未安设喷雾装置或除尘器，作业时未进行喷雾降尘或用除尘器除尘。

（20）输送机转载点和卸载点未安装喷雾装置或除尘器，作业时未进行喷雾除尘或除尘器除尘。

（21）煤与瓦斯突出煤层或软煤层中瓦斯抽放钻孔采取湿式钻孔时，干打眼的工作人员未佩戴防尘保护用品，没有除尘措施。

（22）开采有煤尘爆炸危险煤层的矿井，未按规定在指定地点设置隔爆棚。

（23）未及时清扫或冲洗巷道中的沉积煤尘。

（24）对井下主要大巷未进行定期刷浆。

（25）未实现对井下煤尘隔爆设施每周至少检查 1 次。

（26）刮板输送机及带式输送机转载落差超过 0.5 m 时，未安装溜槽或导向板。

（27）在带式输送机斜井和带式输送机运输平巷防尘管路处，不按规定每隔 50 m 设一个三通阀门，其他防尘管路未按规定每隔 100 m 设一个三通阀门。

（28）输送机巷，采区进、回风巷风速超过 6 m/s；采煤工作面、掘进中的煤巷和半煤岩巷，风速超过 4 m/s。

（29）矿井未按要求制定防尘制度，不配置防尘专业人员。

（30）未按规定进行全尘和呼吸性粉尘测定。

二、典型案例及分析

1．局部通风机没有实现“三专两闭锁”

案例：湖南邵阳司马冲煤矿瓦斯爆炸

2013 年 6 月 2 日，湖南邵阳司马冲煤矿在回采工作面放炮时引发瓦斯爆炸，致使 10 人死亡。

◎ **事故经过**

2013年6月2日中班，湖南邵阳司马冲煤矿39人（均未配发、携带自救器）下井。19时50分，＋168 m Ⅰ煤回采工作面放炮时引发瓦斯爆炸，造成此工作面作业的3人死亡。发现瓦斯爆炸后，在13采区＋168 mⅡ煤掘进工作面作业的2人迅速撤离，撤至＋168 m运输巷距时中毒死亡；在采区作业的人员中，有5人撤至＋100 m石门与＋100 m总回风巷交叉点时（此处在瓦斯爆炸后发生垮塌）中毒死亡。

◎ 事故原因

（1）直接原因：13采区＋168 m Ⅰ煤回采工作面违规采用巷道式采煤、局部通风机供风，风量不足，引起瓦斯积聚并达到爆炸浓度。在未检查瓦斯的情况下违规放炮，因发爆器接线柱产生电弧引起瓦斯爆炸，造成人员伤亡。

（2）间接原因：

①司马冲煤矿非法违法组织生产。该矿在采矿许可证和煤炭生产许可证过期后，不执行监管部门指令，非法违法组织生产。

②司马冲煤矿安全生产管理混乱。

一是违反《煤矿领导带班下井及安全监督检查规定》，违规安排未经培训、不具备下井带班要求的安全员作为矿领导下井带班。

二是违反《煤矿安全规程》规定，存在以下问题：下井人员没有配发、随身携带自救器；事故工作面没有安装甲烷传感器，安全监控系统在2013年5月31日后停止运行；安排没有取得瓦斯检查工资质证的人员检查瓦斯，从2013年5月17日以后，瓦斯日报表上没有13采区＋168 m区域的瓦斯检查记录，也没有矿长和技术负责人审查签字；放炮作业没有执行“一炮三检”和“三人联锁”放炮制度，且违规安排没有取得爆破资质的大工放炮。

③司马冲煤矿通风系统不完善，技术管理不到位。该矿违反了《煤矿安全规程》的规定，13采区没有专用回风巷，利用运输巷回风；事故工作面没有编制施工组织设计、作业规程；违规采用巷道式采煤，回采工作面用局部通风机送风，回采工作面无两个安全出口。

◎ 防范措施

（1）有关部门加大对此类煤矿的监管力度。

（2）完善矿井内的安全监控系统。

（3）进一步完善巷道内的通风设备。

（4）无论是管理者还是一线作业工人，都应该提高安全意识。

2．违法掘进回风巷工作面

案例：河南伊川“3·13”瓦斯爆炸事故

2010年3月31日19时20分，河南省洛阳市伊川县国民煤业公司发生一起特大煤与瓦斯爆炸事故，造成44人死亡、4人下落不明，直接经济损失达2728.4万元。

◎ **事故经过**

2010年3月31日19时20分，河南省洛阳市伊川县国民煤业公司违法在1102回风巷工作面掘进，由于区域和局部综合防治瓦斯突出措施不落实，在施工瓦斯排放钻孔时诱发煤与瓦斯突出；突出的瓦斯逆流至副斜井井口，遇明火发生爆炸，并引起瓦斯燃烧，造成44人死亡、4人下落不明，直接经济损失达2728.4万元。

◎ **事故原因**

（1）国民煤业公司无视政府有关规定，在停产整顿期间违法组织施工和生产，综合防治瓦斯突出措施未落实，安全生产管理混乱。

（2）地方政府及其有关职能部门未正确履行监管职责，煤炭行业管理部门和安全监管部门未认真核实处理该矿在停产整顿期间超量用电涉嫌违法生产的问题，对该矿违法施工和生产的问题失察；国土资源部门对该矿换发采矿许可证工作审查不严，对该矿未按照技改设计方案将越界井筒调整回界内的问题失察；公安部门违规同意向该矿超量供应火工品，对该矿非法购买、使用火工品的问题失察。

（3）地方政府贯彻落实党和国家有关安全生产方针政策和法律法规不力，督促有关职能部门履行职责不到位，未认真组织开展煤矿停工停产期间的监督检查工作。

◎ **防范措施**

（1）要求各地区加大安全监管监察执法力度，严厉打击各类非法违法生产经营建设行为，要把重组整合技改煤矿的非法违法生产建设行为作为打击重点。

（2）严格按照相关规定，加强整合技改矿井的监督管理，对未履行相关手续的，一律不允许开工建设；对进入整合技改程序的，严格按照设计施工，未经审批不得变更设计内容。

（3）严禁边技改边生产；严格执行《防治煤与瓦斯突出规定》，严格落实两个“四位一体”综合防突措施，强化区域防突工作。

（4）切实加强技术管理，优化采掘布置，实施正规采掘作业，严禁违规多次串联通风；瓦斯突出矿井必须按规定设置专用回风巷。

（5）加强矿井监控系统管理，确保各类传感器配置齐全、位置合理、运行正常、监控有效；严格组织管理，严禁层层转包；严格执行矿领导带班下井制度，带班领导必须与工人同下同上。

3．未检查炮点周围瓦斯浓度引发的瓦斯燃烧事故

案例：晓南矿“2002・1・31”瓦斯燃烧事故

2002年1月31日13时53分，在西二三期胶带输送机中巷与回风中巷联络道拉门位置，发生了一起因放炮引起的局部高顶瓦斯燃烧事故。

◎ **事故经过**

2002年1月31日，综掘队503班中午班在西二三期胶带输送机中巷与回风中巷联络道开拉门位置，采用打眼放炮处理顶板施工中，在白班留下4个炮眼，本班施工完3个炮眼，因第四个炮眼打眼作业中夹钎，当班副班长武某、工长徐某安排工人李某装药，准备放炮。由于施工中没有严格按有关规定对放炮地点20 m范围的瓦斯进行检查，放炮员、瓦检员、工长未严格执行“一炮三检”和“三人联锁”放炮制度，加之炮眼封泥不实，产生放炮明火，引燃局部高顶瓦斯。

◎ **事故原因**

（1）瓦检工、放炮工在装药、放炮前没有认真检查放炮地点20 m范围内及局部高顶瓦斯，是造成事故的直接原因。

（2）未经检查瓦斯就先填写手册，瓦检员、放炮员、工长没有严格执行“三人联锁”放炮制度，造成假检、漏检，是造成这起事故的间接原因。

（3）装药工未严格按作业规程规定执行，炮眼封泥不实、长度不够、封堵效果不好，以致产生放炮明火，是造成事故的主要原因。

（4）停电恢复通风后，未认真检查局部顶板积聚瓦斯浓度就实行放炮作业，是造成事故的又一原因。

◎ **防范措施**

（1）加强管理，强化职工培训，做好瓦检员、放炮员、电工等重要岗位的业务培训工作，提高独立工作人员的业务水平。

（2）要针对西二三期瓦斯较大，又有煤炭自然发火征兆的实际情况，增补该区域灾害预案。尤其要强化瓦检工、放炮工的培训，严格按规程、措施规定执行，杜绝违章作业。

（3）严格执行“一炮三检”和“三人联锁”放炮制度，杜绝假检、漏检，

尤其是西二三期巷道顶板局部瓦斯的检查，要根据现场实际定点定期检查、汇报，并制订处理高顶瓦斯的具体措施。

（4）井下各地点爆破施工，要严格按《煤矿安全规程》有关规定执行，炮眼深度大于1 m时，必须坚持使用水泡泥。

（5）独头巷道掘进敷设两趟风筒时，两趟风筒必须齐头平行接设；西二三期掘进工作面要使用大功率对旋式通风机，增大工作面供风量，避免瓦斯超限。

（6）各掘进工作面必须保证正常供风，有计划停风时，排放瓦斯必须按措施执行，并由通风部门副班长以上干部现场指挥；特殊情况下，无计划停风时，排放瓦斯工作由当班瓦检员、安监员、安检员及局扇工共同排放。排放后，瓦检员必须认真检查巷道风流及高顶瓦斯，必须将风流及高顶瓦斯降到安全浓度以下时才允许相关人员进入作业。

（7）掘进工作面施工要按设计要求一次成巷，避免开帮、挑顶工作。

（8）各职能科室要切实加强技术业务及安全检查监督工作，堵塞漏洞。

4．无计划或有计划停风造成瓦斯超限

案例：大兴矿“2007·3·18”局部瓦斯超限事故

2007年3月18日，大兴矿N2701工作面检查发现瓦斯局部超限，停止了一部输送机和采煤机作业。直到在工作面增加了6道风障，瓦斯超限才得以解决。

◎ **事故经过**

2007年3月18日白班，大兴矿N2701工作面跟机瓦检工党某接班后，从二部机尾向机头方向检查瓦斯，发现42～67号尾梁及放煤口附近瓦斯达到1.5%～1.8%，其中53号、65号、66号放煤口瓦斯分别为2.3%、2.3%和3%，当时二部输送机已闭锁停止运转。党某见二部输送机已闭锁，未采取措施处理。9时30分左右，工作面40号前后引网工作结束，综采二队队长郭某通知瓦检员准备一部输送机开气、采煤机由30号向机头割煤。瓦检队跟班副队长钱某检查后通知坐台电工一部输送机可以开气，并给一部输送机解锁。9时50分，安检大队领导到现场检查发现瓦斯局部超限，便立即停止了一部输送机和采煤机作业。随后矿通风副总和保安区包片副区长杨某赶到，组织人员在工作面增加了6道风障，放煤口局部瓦斯超限得到处理，工作面恢复作业。

◎ 事故原因

（1）N2701工作面50号机尾段巷道逐渐向下倾斜，呈下行通风状态，工作面风量1050 m^3/min，机尾架放煤口及架后风量不足，未采取有效的迎风措施，瓦斯得不到有效稀释。

（2）工作面底板留煤较厚，采空区底板煤层瓦斯逐渐解析释放。

（3）工作面没有抽放钻孔，仅凭瓦斯道抽放和明管、引排风机抽放，显然还存在抽放盲区。

（4）二部输送机区域内瓦斯局部超限时，仅对二部输送机闭锁，对一部输送机和采煤机作业未停止，违反了《煤矿安全规程》的规定，即“采掘工作面及其他巷道内，体积大于0.5 m^3 的空间内积聚的瓦斯浓度达到2.0%时，附近20 m 范围内必须停止工作、撤出人员、切断电源，进行处理”。

◎ 防范措施

（1）对工作面进行认真的分析，结合瓦斯情况和自然发火趋势，合理调整配风和抽放。

（2）瓦斯超限必须立即停止作业，采取有效措施处理，进一步明确瓦斯超限停止作业的区域范围。同时，出现瓦斯超限，不能仅停留在停止作业上，更要加强隐患处理的及时性、有效性的管理。

（3）针对不同的自然条件、环境因素，各级管理人员和作业人员要广泛地开展预知预想，采取有针对性的措施。

（4）加强对安检员、瓦检员的安全教育，提高事故案例教育的效果，对规程措施的贯彻要结合不同的现场条件，提高职工的理解程度和执行效果。

5. 井下违章携带烟火

案例：铅山县螺丝坞煤矿“1·12”较大火灾事故

2008年1月12日7时50分，铅山县螺丝坞煤矿主斜井井筒距井口约192 m处发生一起火灾事故，造成7人死亡，直接经济损失达268万元。

◎ 事故经过

事故当天6时30分，矿工薛某、余某、李某、朱某进班，乘矿车下井到三水平东岩巷掘进工作面作业;7时左右，苏某、朱某、李某进班，乘矿车下井，到二水平东岩巷掘进工作面作业；7时多开始提升，共提两趟，每趟两车，其中煤、矸各两车；8时10分左右，杨某、张某进班，乘矿车下井，准备到三水平斜坡作业，当下到约150 m处看到前方有烟，立即分别跳出矿车，又往下步行了几米，发现前方约20 m处井筒顶部有明火，二人即调头往上跑，8时20分左右跑到井口，即喊：井下着火啦。

事故发生后，矿值班员未向煤矿矿主报告，也未向县乡政府及有关部门报告；煤矿矿主9时知道事故后也未按规定向铅山县、乡政府及有关部门报告，而是盲目自行组织抢救。直到灾情无法控制，在事故发生近10小时（当天18时零4分左右）后，矿主才向上饶市煤炭冶金行业管理办公室（煤矿安全监督管理局）报告了火灾情况，并请求支援。随后上饶市矿山救护队和上饶县矿山救护队前往事故现场救灾。

◎ **事故原因**

（1）第二批下井人员（7时）抽烟坐矿车下井，下车前在距一水平上部车场25 m处顺手将烟头丢至支护背料处，在风流的作用下，引燃了支护背帮护顶的竹梢，导致了火灾事故的发生。

（2）螺丝坞煤矿井下作业人员未随身携带自救器，致使火灾发生时矿工未能及时佩戴自救器逃生，是造成事故的主要原因。

（3）螺丝坞煤矿安全管理机构不健全，没有生产副矿长，安全副矿长履职不到位，井下采掘工作面实行以包代管，作业人员下井前未进行安全培训；违规购买使用非煤矿许用的雷管、炸药，客观上造成下井人员违规携带明火下井；矿井安全管理混乱，未按规定进行隐患排查治理，安全生产责任制未落实。这些都是导致事故发生的重要原因。

（4）有关部门违规向煤矿发放非煤矿许用火工产品。

（5）事故报告不及时，并且盲目自行组织施救，耽误抢险救援是造成人员死亡的主要原因。

◎ **防范措施**

（1）坚决杜绝职工带烟火下井的严重违章行为。一是强化对从业人员的教育培训，使其认识到带烟火下井的严重危害性，培养自觉遵章守纪的良好习惯；二是加强对矿主主体责任意识的教育，强化煤矿企业内部责任制度的建立和完善，严格落实严禁职工带烟火下井的规定，杜绝违法行为，使矿主真正树立起主体责任意识；三是加大对煤矿企业井下违规使用明火违法行为的处罚力度，增大煤矿企业井下使用明火的违法成本。

（2）增强煤矿企业对事故应急救援能力。一是培训煤矿企业管理人员编制符合煤矿实际又便于操作的煤矿事故应急救援预案，并定期进行演练，做到在专业救援队伍到来之前能科学合理地自救，增强煤矿企业对事故的自救能力；二是加强对煤矿企业应急预案制订和演练的检查，确保煤矿企业的应急预案能在事故救援中发挥有效作用；三是加强煤矿企业全员自觉报告事故的教育，让每个人都熟记事故报警电话。

（3）各部门联合执法，杜绝向煤矿企业供应非煤矿许用火工产品用于井下。

（4）保证煤矿井下从业人员随身携带并正确使用自救器。

三、正确操作规程

1. 风筒工操作规程

（1）风筒工负责所管辖区域内风筒的安装、修补等工作（各使用单位负责风筒的领取、运送、拆除等工作），及时将不用或损坏的风筒回收，并及时修补井上、井下破损的风筒。

（2）入井必须带足必要的用具和材料，必须熟悉自己分管区域掘进工作面的情况，如局部通风机型号，风筒直径、长度，巷道掘进速度或贯通日期等。

（3）风筒吊挂要平、直、紧、稳，避免车刮、炮崩，逢环必挂，环环吃劲，系在巷道帮壁上的铁丝必须平直拉紧。

（4）风筒之间的接口必须严密不漏风，胶质风筒可用双反压边接头或三环接头，接时要顺接。

（5）使用胶质风筒时，局部通风机和风筒的接头处要加衬垫，并用 3 道 12 号铁丝扎紧，铁丝间距为 200 mm，铁丝接头要错开，间距为 200 mm。

（6）一列风筒的直径要一致。如果直径不一致，异径风筒要有过渡节，先大后小，不准花接。

（7）风筒末端距工作面的距离必须符合作业规范规定，必须保证工作面有足够的风量。

（8）经常检查风筒，如有破口要随时修补，做到不漏风。

（9）风筒在拐弯处要设弯头或缓慢拐弯，不准拐死弯（折深不超过 100 mm），分岔处要设三通。

（10）斜巷和立井掘进时，风筒接头、风筒的绑扎要特别牢固。

（11）更换风筒时，不得随意停止局部通风机；必须停机时，应与掘进工作面的班组长和司机联系并经调度室允许，待停止工作、撤离人员后，才可更换。当巷道内瓦斯涌出量大时，必须把工作面人员撤到安全地点后再更换风筒。恢复通风，必须首先检查瓦斯。只有在停风区域瓦斯浓度符合规定的情况下才可恢复通风。

（12）巷道施工结束后，施工单位应在通风队的指挥下及时把风筒全部拆除，拆除的风筒要装车运至井上，进行冲洗、晒干和修补。

（13）拆除风筒时，应由里向外依次拆除。拆除独头巷道风筒时，不准停止局部通风机。

（14）安装、拆除风筒时的注意事项。

①应注意防止运行中的矿车撞、挤、刮风筒。

②跨带式输送机、刮板输送机运作时，必须先同输送机司机联系好，必要时可暂停输送机运转，以保证操作安全。

③登高操作时，要设台架，工作时要站稳；在电机车运行的巷道中吊挂风筒时，要将受影响的架线区段的电源切断并设安全警戒，严防被电车刮、撞，并注意防止架空线触电伤人。

（15）处理风筒内的积水时，先在风筒积水处下部划开一个不大于 20 mm 的破口，将水放掉后，再将破口按要求缝补好。

（16）风筒上井后，首先应刷洗、晒干，检查风筒损坏情况及耐用程度，再根据检查情况分别处理。

（17）修补风筒时，黏补风筒的胶浆应按要求配制。根据破口大小裁剪补丁，补丁以圆形为好；补丁边应大于破口尺寸 20 mm；为防止补丁翘边，补丁边应裁成斜面；补丁和破口应刷净至露出胶质风筒本色，晾干后才能涂上胶浆进行黏合；补丁黏合后应用木手锤砸实，使黏合严密，保证不漏风；对 100 mm 以上的大破口，必须先用线缝合后再进行黏补。

（18）风筒上的吊环应齐全，吊环间距应保证风筒吊挂平直，两端铁圈要缝牢。如果需要加长风筒，风筒之间压边黏合的宽度一般为 200 mm。

（19）修补好的风筒应妥善保存，存放的风筒每季度应晾晒一次。

（20）制作三通、弯头及过渡节时，要根据风筒的形状和直径制作，要注意平直。过渡节长度不应小于 2 m。

（21）焊接风筒圈时，要按电焊工的有关规定进行，圈要焊牢固，要砸平调圆。

（22）晾晒、冲洗、清扫风筒时要戴口罩，风筒必须在晒干或吹干后才能黏补。

（23）修补后的旧风筒，应按规格尺寸分别存放在指定地点，并做好标志，以方便取用。

（24）装卸风筒时应注意安全，要防止铁丝划手、扎脚和碰伤眼睛。

（25）地面修补风筒时的注意事项。

①汽油、胶水必须存放在单独房间内，并应保持油桶严密，严禁烟火。

②风筒修理室内禁止使用火炉取暖，若必须使用时，应有安全防火措施，并经有关单位批准，下班无人时应将火炉熄灭。

③风筒修理室内必须备有灭火器材，做好防火工作，室内要保持清洁卫生。

2. 瓦斯检查工操作规程

（1）负责检查所管辖范围内的瓦斯浓度、温度及“一通三防”设施管理、使用情况。

（2）必须熟悉矿井通风系统和所管辖范围内的通风、瓦斯、防尘设施。

（3）必须严格执行《煤矿安全规范》及其他有关通风、瓦斯等规定，认真填写瓦斯检查记录手册、牌板及有关报表。

（4）当井下局部地区瓦斯超限时，在浓度小于3%时，能及时处理；发现“一通三防”中的隐患时，能立即采取措施，并向通风调度室和矿调度室汇报。

（5）严格执行交接班制度。

（6）应携带瓦斯检定器、检查棍、胶皮管、温度计、记录表格。

（7）在领取瓦检仪器时应检查药品、电路、气密性、条纹是否符合要求。

（8）使用瓦斯检定器检查甲烷和二氧化碳浓度的方法。

①待测瓦斯地点的进风流中清洗瓦斯室，将微读数调回零位，基线对零。

②检测地点挤压气球 5 ～ 7 次，观测检定器，读出甲烷浓度。

③检测地点测定二氧化碳浓度时，先按上述方法测出甲烷浓度，再将辅助管拔掉，用检查甲烷的方法测出混合气体浓度，混合气体浓度减去甲烷浓度即得二氧化碳浓度。

（9）需要测定瓦斯的地点。

①采煤工作面需测定甲烷和二氧化碳的地点。

◎工作面进风流（指进风顺槽至工作面煤壁线以外的风流）。

◎工作面风流（指距煤壁、顶、底板各 10 cm 和以采空区切顶线为界的空间风流）。

◎上隅角(指采煤工作面回风测量后一架棚靠采空区侧 1 m 范围内的空间)。

◎工作面回风流（指距采煤工作面 10 m 以上的回风顺槽内不与其他风流会合的一段风流）。

②掘进工作面需测定甲烷及二氧化碳的地点。

◎掘进工作面风流（指风筒出口到掘进工作面的一段风流）。

◎掘进工作面回风流。

◎局部通风机前后各 10 m 以内的风流。

◎局部高冒区域。

③矿井总回风巷或一翼回风流中的甲烷和二氧化碳的测定，在各测风站内进行。

④采区回风流中的甲烷和二氧化碳的测定，在该采区各分风风流会合后的测风站内进行。

⑤硐室的甲烷、二氧化碳及其他有害气体的测定，在各硐室内进行。

⑥设置有电动机（如小铰车、水泵、采煤机、掘进机、移动变电站等）的采掘工作面进风流中的甲烷和二氧化碳的检查，应在以电动机为中心的进回风两端各 20 m 范围内进行。

⑦爆破检查瓦斯的地点。

◎采煤工作面爆破地点的瓦斯检查，应在沿工作面煤壁上下 20 m 范围内的风流中进行。

◎掘进工作面爆破地点的瓦斯检查，应在该点向外 20 m 范围内的巷道风流中及本范围内局部瓦斯积聚处进行。

⑧瓦斯检查次数按《煤矿安全规范》的规定执行。采掘工作面检查瓦斯的间隔时间要均匀，在正常情况下，每班检查 2 次，其间隔时间为 3 ～ 5 小时。无人工作的地点，每班至少检查 1 次。

⑨循环检查瓦斯的顺序和有关规定。

◎采煤工作面是从进风巷开始，经采煤工作面、上隅角、回风巷等为一次循环检查。

◎掘进工作面检查时，一次循环检查应从局部通风机吸风口附近开始到掘进面进行。

（10）每次检查完瓦斯后，必须填写瓦斯记录手册、牌板，并随时向通风调度室汇报。

（11）局部瓦斯积聚或临时停风盲巷积聚瓦斯时，在瓦斯浓度不超过3%的情况下，可按照制订的恢复通风措施就地恢复，但严禁风吹；当积聚的瓦斯浓度超过3%时，必须制订专项瓦斯排放措施报请矿总工程师批准，按规定由救护大队进行排放。

（12）瓦斯检查记录牌板的吊挂位置为：回采工作面应挂在进、回风巷的顶板完好处；临时停工的掘进工作面、已采区密闭墙、盲巷、硐室等，应挂在顶板完好的栅栏处。

（13）瓦斯检查牌板填写包括检查地点、名称、甲烷及二氧化碳浓度、其他有害气体浓度、温度、检查日期、班次、时间、瓦斯检查工姓名等。瓦斯检查记录牌板应随着检查点位置的变化而及时移动。

（14）每班应对管辖范围内的传感器的数据进行校对和记录，并将记录和检查结果向通风调度室汇报。

（15）在发现本区域内“一通三防”方面有异常情况时，应立即采取措施，并将情况向通风调度室汇报。

（16）必须严格执行现场交接班制度。

（17）特殊地点检查瓦斯的操作。

①在使用采煤机和掘进机的采掘工作面，跟机瓦斯检查工必须坚守岗位，当采煤机、掘进机工作时，在以下地点检查瓦斯：

◎检查采煤机前后20 m内，距煤壁30 cm、距顶板20 cm内的瓦斯浓度。当风流中瓦斯浓度达到1.5%时，应停止采煤机工作、切断工作面电源，立即进行处理。

◎检查采煤机滚筒之间，距煤壁30 cm、距顶板20 cm范围内的瓦斯浓度。当瓦斯浓度达到2%时，应停止采煤机的工作、切断工作面电源，进行处理；处理不了的，应立即向通风调度室汇报。

◎对于使用掘进机的掘进工作面，当掘进机工作时，应检查电动机附近20 m范围内及风筒出口至煤壁间风流中的瓦斯浓度。当瓦斯浓度达到1.5%或掘进工作面回风流中瓦斯浓度达到1%时，应停止掘进机工作，切断工作面电源，立即进行处理；处理不了的，应向通风调度室汇报。

②煤仓内的瓦斯检查及煤仓堵塞后的瓦斯检查与处理，应按煤矿编制的措施进行。

③必须严格执行“一炮三检”制度。

④对于瓦斯涌出异常的采掘工作面，应定点检查瓦斯和其他有害气体及其温度等。需进行定点检查的地点包括：采煤工作面采空区边缘、工作面风流、工作面上隅角、工作面刮板输送机及刮板输送机尾附近和底部、局部漏顶处；掘进工作面迎头，巷道回风流，局部冒高顶、漏顶处，局部通风机附近等，发现超限应立即停止工作、切断电源，进行处理。处理不了的，应向通风调度室汇报。

⑤采煤工作面采空区强制放顶时，采空区瓦斯浓度的检查范围应按有关规定执行，当瓦斯浓度超限时，应立即停止爆破。

（18）操作中的注意事项。

①检查瓦斯时，应按照以下顺序进行，并注意自身安全。

◎检查高冒地点、采煤工作面上隅角、采空区边缘的瓦斯时，要站在支护完好的地点，用小棍将胶管送到检测地点，由低到高逐渐向上检查。检查人员的头部切忌超越检查的最大高度，以防缺氧而窒息。

◎查废巷、盲巷和临时停风的掘进工作面及密闭墙外的瓦斯、二氧化碳及其他有害气体时，只准在栅栏处检查；必须进入盲巷内检查时，应由救护队员进行。

②携带的瓦斯检定器要妥善保护好，不准碰撞损坏、丢失及转借他人；出现故障不准擅自修理，应上井后交检修人员并指出存在的问题；瓦斯检定器不得由个人保存，上井后应交仪器室保管。

③排放局部积聚的瓦斯之前，应按有关规定将本区域回风系统中的人员全部撤入进风区并切断电源。

3．通风调度员操作规程

（1）接班时认真做好交接手续，重大问题必须向上一班值班人员询问清楚。

（2）认真做好通风调度值班记录，及时提交瓦斯调度日报表，做到数字准确、内容完整。

（3）做好当班通风调度情况分析，通风调度日报表及时送有关领导审阅。

（4）“一通三防”重大问题或隐患，随时调度，跟踪了解隐患问题的处理进展情况，积极协调解决生产中发生的问题，做到事事有着落、件件有回音、项项有记录。

（5）认真做好上级调度通知、指令等接收工作，做到件件有领导批示，及时向有关区队班组下达。

（6）对瓦斯检查工的班中汇报认真做好记录，发生重大事故时，立即按照有关规定的事故汇报程序和内容向有关领导汇报，并通知有关业务部门，调动一切力量，积极组织抢救工作，并做好记录。

（7）调度值班要记录汇报人员姓名、地点、汇报时间及汇报内容。

（8）汇报的重大问题、隐患或事故，必须及时准确，并记录汇报时间和汇报人员姓名。

（9）坚持调度场所文明化、室内清洁卫生、通信设备整洁完好。

4．测尘工操作规程

（1）选择合理的测尘位置。

①测定布置在尘源的回风侧、粉尘扩散较均匀地区的呼吸带。

◎掘进工作面应距掌子头 5 m，炮采工作面应选机尾、机头及转载机机头。

◎机采面，应选采面机尾、机组后及机头和转载机机头。

◎在测量各个胶带机巷时，应距胶带机头的下风流 5 m 左右。

②采样高度为测量地点距巷道底板高 1.5 m 左右，一般接近正常人的呼吸带。

（2）仪器在携带和使用过程中，避免激烈震动和强烈碰撞。下井后不准随意打开仪器，以防矿尘进入仪器内影响仪器性能。

（3）采用 ACG-1 型光电煤尘测尘仪。

①使用前需检查、校准仪器（检查电源电压应超过 6 V，滤纸的规格、质量均符合特殊要求）。检查电源时，将测量旋钮旋到“采样”位置，调节调压旋钮，指针应指向“A”位置偏右。

②使用时先调零位，将测量旋钮旋到测量位置，然后调节零旋钮，使电表指针调到零位，此时再按下校正开关，记下电表指示值。

③将采样口对准含尘气流方向，将测量旋钮旋到采样位置，此时电机转动吸气，调节调压旋钮，使电表指针在“厶”符号位置，当达到给定时间（1 挡延时 40 秒，2 挡延时 20 秒）时采样自动结束。

④将测量旋钮旋回到测量位置，并按住校正开关，调节零旋钮，使指针调到测定前的指示值上，然后松开校正开关，此时电表读数即为该次测量的煤尘浓度值（mg/m^3）。

⑤每次测量后及时将测量旋钮旋到“关”的位置，再次测量应在停机 30

秒后再进行。

（4）采用舶 C 矿用隔爆兼安全火花型采尘器。

①检查仪器电压是否达到 12 V，抽气负压达 160 ～ 200 mm 水柱，带阻力为 40 mm 水柱的滤膜时，最大流量达 42 L/min。

②根据测尘地点情况，将采尘器悬挂或用支架支撑在距底板1.5 m左右的呼吸带内，调整好支架，尽量使采样器在水平位置，采样器受尘面必须迎向风流。

③将装有滤膜的采样夹放入采样头内，旋紧螺盖。检查抽气机、流量计和采样头连接部分的严密性。

④开动电源开关，抽气机开始运转，迅速调节流量旋钮，使其在 25 L/min 时计时，并随时观察调节流量使其保持稳定。

⑤按照采样体积的要求，确定采样时间一般不少于 15 分钟，采样终止时关闭电源开关，记录采样流量和时间。

⑥将滤膜夹从采样头上取下，使受尘面向上，迅速放入采样盒中，带回实验室进行称量分析。

⑦上井后，采样样品及时送天平室称重计算；粉尘浓度测定结果报告要及时送交有关单位和领导。

⑧对采样日期、地点、样品编号，采样流量及时间、作业性质、尘源特点、防尘措施的使用说明情况，以及个人防护措施等情况，进行详细记录。

（5）仪器内滤纸用完后，不准开机采样，以免粉尘堵塞气路，并应经常给仪器除尘，凡是滑动部位都应注入适量的润滑油。

（6）发现有粉尘飞扬和沉积严重的地点，应立即向有关人员提出并及时向上级汇报处理。

第三章

爆破工作中的违章行为典型案例及操作规程

矿山爆破主要是把岩石从岩体中剥落下来和对矿体顶板圈岩进行剥离，并按工程要求爆破成一定的爆堆，破碎成一定的块度，为随后的铲装、运输工作创造条件。在爆破施工工作过程中，要强化隐患排查，提高项目员工的安全意识，彻查整改项目隐患，有效防范和遏制各类事故的发生，以免给国家和人民群众的生命、财产造成重大损失。

一、爆破工作中经常发生的违章行为

爆破是一项特殊的危险性作业，由于其接触的是炸药、雷管、导火索等易燃易爆品，所以爆破安全具有特殊的重要性。爆破工作中经常出现的违章行为如下所述。

（1）装配起爆药卷未避开电气设备和导电体。

（2）装配起爆药卷在顶板不完好、支架不完整或空顶下进行。

（3）坐在爆炸材料箱上装配起爆药卷。

（4）从成束雷管中抽出单个雷管时，生拉硬拽。

（5）从成束雷管中抽出单个雷管后，不将脚线末端扭结成短路。

（6）装配起爆药卷时将雷管斜插在药卷中部或捆在药卷上。

（7）装配起爆药卷时用电雷管代替竹、木棍扎眼。

（8）装配好的起爆药卷乱扔、乱放，装配起爆药卷数量不以当时当地需要数量为限，不按规定整齐摆放在容器内点数、加锁。

（9）发爆器与电雷管、起爆药卷混放在一起。

（10）不执行一个起爆药卷内只插放一个电雷管的规定。

（11）让非爆破工帮助装配起爆药卷。

（12）爆破地点附近 20 m 范围内风流中瓦斯浓度达到 1.0% 时爆破。

（13）炮眼内发现异状仍继续装药爆破。

（14）采掘工作面停风或风量不足、风向不稳仍继续装药爆破。

（15）炮眼内煤、岩粉未清除干净就装药爆破。

（16）炮眼深度与最小抵抗线小于《煤矿安全规程》规定，仍继续装药爆破。

（17）发现炮眼缩小、坍塌仍继续装药爆破。

（18）工作面有冒顶、透水、煤与瓦斯突出预兆仍继续装药爆破。

（19）装药安全警戒范围内有人正在打眼、装岩仍继续装药爆破。

（20）采掘工作面支架有损坏、伞檐超过规定仍继续装药爆破。

（21）爆破地点 20 m 内巷道断面被堵塞 1/3 以上仍继续装药爆破。

（22）装药后，未将电雷管脚线末端扭结成短路并悬空，未防止与导电体接触。

（23）潮湿或有水的炮眼不按规定使用抗水型炸药。

（24）在高瓦斯矿井、瓦斯矿井的高瓦斯区域的采掘工作面，采用毫秒爆破时，采用反向爆破，未制订安全技术措施。

（25）一个炮眼内装两个或两个以上起爆药卷。

（26）不按规定数量装药，装药量过大。

（27）炮眼内装错电雷管段数。

（28）采用发爆器打火放电检测电爆网是否导通。

（29）每次爆破作业前，爆破工不进行电爆网络全电阻检查。

（30）爆破前，爆破母线不扭结成短路。

（31）爆破母线连接脚线时，与连接无关的人员未撤离到安全地点。

（32）在有煤尘爆炸危险的煤层中，掘进工作面爆破前后，爆破地点附近20 m的巷道内未洒水降尘。

（33）靠近掘进工作面10 m内的支护，爆破前未加固。

（34）在爆炸材料库和爆炸材料发放硐室附近30 m范围内爆破。

（35）班长不清点人数、未按规定设置警戒岗哨就爆破。

（36）爆破前，未将爆炸材料箱搬到警戒线以外的安全地点。

（37）爆破前，未将工作面机器设备、电缆等加以保护或搬迁。

（38）警戒线处不按规定设置警戒牌、栏杆或拉绳。

（39）一个警戒员同时警戒两个通道。

（40）接到起爆命令后，发出爆破警号不满5秒就起爆。

（41）不执行“三人联锁”爆破制。

（42）不执行“一炮三检”制度。

（43）一次爆破超过发爆器能够起爆的雷管数。

（44）一次爆破的炸药量与通风能力不相适应。

（45）不按规定顺序和方向接炮。

（46）不用发爆器进行爆破。

（47）放炮后，不立即取下发爆器把手或钥匙。

（48）不执行一组装药一次起爆的规定。

（49）不立即把爆破母线从发爆器电源上摘下并扭结成短路。

（50）放炮母线破损、有明接头不及时包扎，仍然使用。

（51）放炮后不检查、收集遗漏的未爆雷管、炸药。

（52）采用多芯或多根导线做放炮母线。

（53）不用放炮母线做单回路爆破，而用铁道、金属管、金属网、水或大地做回路。

（54）采掘工作面使用火雷管、不同品种的电雷管、导爆管、普通导爆索。

（55）放炮母线不随用随挂或悬挂不符合规定。

（56）由放炮工、警戒工约定放炮。

（57）井下放糊炮。

（58）放炮母线短。

（59）放炮不使用水炮泥封孔。

（60）用煤粉、块状材料及可燃性材料当作炮眼填充物。

（61）炮眼无封泥或封泥长度不符合规定长度。

（62）躲炮距离不符合规定。

（63）一个采掘工作面同时使用两台发爆器进行爆破。

（64）爆破工不按爆破说明书规定进行爆破。

（65）处理拒爆（残爆）时，用镐刨或从炮眼中取出原放置的起爆药卷或从起爆药卷中拉出电雷管，不按规定处理拒爆（残爆）。

（66）不等炮烟吹散，也不检查通风、瓦斯、煤尘、顶板、支架、拒爆、残爆等情况就进入工作面作业。

（67）当班人员装好未放完的炮和未处理完毕的拒爆、残爆不向下一班交代清楚。

（68）不具备爆破条件，负责人威逼爆破工进行爆破。

（69）每次爆破作业完成后，不认真填写爆破作业记录。

（70）同一列车运送装有电雷管和爆炸品的车辆之间，不按规定用空车隔开。

（71）运送爆炸材料的列车速度超过 2 m/s。

（72）装有爆炸材料的列车同时装运其他物品或工具。

（73）用架线电机车运输爆炸材料，装卸车时机车不停电。

（74）用人力运送爆炸材料时，将电雷管和炸药装在同一容器内。

（75）用人力运送爆炸材料时，将电雷管和炸药装在衣袋里运送。

（76）用人力运送爆炸材料时，一人一次运送的爆炸材料数量超过规定数量。

（77）运送爆炸材料的人员随身携带的不是完好的、带绝缘套的矿灯。

（78）携带爆炸材料上井、下井时，乘坐同一罐笼的人数超过 4 人。

（79）搬运爆炸材料时乱扔乱放，不轻拿轻放。

（80）用矿车运送炸药，堆放高度超过矿车上缘。

（81）运送硝化甘油炸药和电雷管时，不用专用的、带软质垫层的、带盖的木质隔板车辆。

（82）罐笼运送爆炸材料不按规定速度提升，超速运行。

（83）电雷管、导爆索、导爆管和硝化甘油炸药同罐运送。

（84）在交接班人员上井、下井的时间运送炸药材料。

（85）领取爆炸材料后，爆破工与搬运人员不同行。

（86）电雷管不按规定由爆破工亲自运送，而由其他人员运送。

（87）运送爆炸材料人员在电气设备或人群中逗留。

（88）爆破工不熟悉爆炸材料性能和有关规程规定。

（89）爆破工未经培训合格、无证上岗。

（90）爆破工接触爆破材料时，不穿棉布衣或抗静电衣服。

（91）携带矿灯进入爆炸材料库内。

（92）爆炸材料库未按规定采用阻燃性材料支护。

（93）井下爆炸材料库不按规定将炸药和雷管分开储存。

（94）井下爆炸材料库不按规定数量存放。

（95）雷管不按规定刻管、打号、记账或刻号不清、漏刻、错刻。

（96）发放、使用电阻不合格的电雷管。

（97）将爆炸材料堆放在井口旁、井底车场或其他巷道。

（98）将爆炸材料转借、遗失或挪作他用。

（99）剩余炸药、雷管不收回库房。

（100）随意销毁炸药、雷管。

（101）丢失炸药、雷管。

（102）捡到炸药、雷管不上交。

（103）发放电雷管前，不按规定用检测仪逐个做全电阻检查。

（104）爆炸材料账、物、卡不一致。

（105）雷管导通时没有抗静电设施。

（106）发放使用过期或严重变质的爆炸材料。

（107）同一工作面使用两种不同品种的爆炸材料。

（108）发现雷管未导通、电阻过大、螺丝松动、管壳有裂缝等问题，不及时更换。

二、典型案例及分析

1．警戒距离不足

案例：朱家河煤矿“5·2”放炮事故

2003年5月2日0时40分许，朱家河煤矿综采二队11504工作面距机头56 m处发生放炮事故，1人死亡。

◎ 事故经过

2003年5月2日零点班，当班值班人员安排机头50 m进行机采，机尾80 m进行炮采。班长胡某安排放炮员计某放炮，赵某担任放炮警戒工作；0时30分左右进入工作面进行维护作业，当机头段割完16节槽子煤后停机，机尾进行放炮。0时20分，因溜煤眼一部溜子有问题停开，工作面停止放炮作业，放炮员赵某和计某两人在距放炮地点向后8 m处闲谈等候。0时40分左右，溜子处理好，赵某和计某两人准备放炮。赵某背着放炮器往机尾走了约30 m，担任警戒并放炮，计某到机头设警戒。当计某到距机头50 m处，吹了两声哨子，发出放炮信号。赵某进行放炮，崩伤计某头部，经抢救无效死亡。

◎ 事故原因

（1）放炮人员计某未撤离到安全地点就吹响口哨发出放炮信号。

（2）计某严重违章作业。首先，未执行自联自放的放炮规定；其次，未达到放炮安全距离就发出放炮信号。

（3）赵某、计某同为放炮人员和警戒人员，作业期间“自保互保”意识差，闲谈等待后没有重新启动放炮程序。

（4）班长未安排专职警戒人员。

◎ 防范措施

（1）要及时改正不良行为，坚持放炮制度，加强现场安全管理。

（2）组长、瓦检员、放炮员坚持“三人联锁”放炮制。

（3）坚持“谁设置谁撤除”的原则；放炮员坚持“自联自放”。

2．没有严格执行“一炮三检”制度

案例：“12·19”东一＋541B4＋6综采工作面死亡事故

2010年12月19日，东一＋541B4＋6综采工作面由于没有及时检查瓦

斯浓度，导致工作人员在回风巷处中毒死亡。

◎ **事故经过**

2010 年 12 月 19 日中班 19 时左右，东一＋ 541B4 ＋ 6 综采工作面瓦斯检查工朱某，从工作面 B4 进风巷通过联络巷进入 B6 回风巷检查气体情况，走到回风巷 205 m 处，发现综采一队早班职工姜某躺在巷道内，于是蹲下来推喊了一下姜某，发现其没有反应，就意识到可能出事了。朱某立即跑到工作面 B4 进风巷喊来了综采一队中班职工梁某、雷某、齐某、胡某、张某等人，将姜某用担架抬至地面，19 时 35 分送至乌鲁木齐石化医院进行抢救，23 时经医院确认抢救无效死亡 。

◎ **事故原因**

（1）综采放炮后，回风流中的毒害气体导致此处作业的职工姜某中毒死亡，是造成事故的直接原因。

（2）综采一队对综采工作面超前预爆管理规定学习不到位，导致管理人员、作业人员对放炮要求不了解，致使放炮管理规定在现场的执行和落实上出现了偏差。

（3）综采一队放炮设岗位置不合理，区域通风系统改造后，作业规程中没有对放炮管理中撤人、警戒程序等措施进行补充完善。

（4）综采一队放炮前后，没有严格按照“一炮三检”“三人联锁”的放炮制度进行作业。

（5）综采一队作业人员自保意识差，知道综采工作面爆破会产生有毒有害的炮烟，还盲目进入回风巷。

（6）综采一队作业人员互保意识差，对工友的不安全行为没有强行制止。

◎ **防范措施**

（1）此次事故充分暴露出综采一队在学习贯彻公司和矿有关规定要求上流于形式，没有认真组织干部、职工进行学习，在思想上没有把安全工作摆在首位，区队必须再次组织全体人员对爆破管理规定进行学习。

（2）综采一队技术主管负责人和技术员对作业规程中放炮位置、警戒位置、警戒负责人进行详细补充，并组织区队所有人员进行学习、考试。

（3）综采工作面必须在进回风顺槽距工作面 200 m 外和所有能进入工作面回风区域的通道处设置警戒线，并在警戒线增设全断面栅栏。栅栏必须能够覆盖巷道全断面，不影响巷道正常通风，且人员无法从栅栏空隙间隔间进入。

（4）放炮前必须将栅栏门上锁管理，栅栏门钥匙和警戒牌由带班队长进行管理。工作面正常生产期间，栅栏门不得上锁。

（5）放炮前带班队长必须将所有人员撤至警戒线以外，带班队长与爆破工、生产班班长最后撤至警戒线，并立即清点人员，确认无误后将栅栏门上锁，警戒不解除不得开锁。

（6）放炮时放炮警戒设施、人员必须到位，在所有能够进入工作面回风区域的通道进行警戒。担任警戒的人员必须是带班队长、班组长，担任警戒回风区域的人员，必须在进入回风区域的进风巷内进行警戒，严禁在回风侧警戒。

3. 违章放炮

案例：丁集矿“1·19”违章放炮事故

2011年1月19日，丁集矿开拓103队放炮时，由于工作人员之间没有协调好，进行了违规放炮。

◎ 事故经过

2011年1月19日中班，开拓103队在1422（3）轨顺回风联巷迎头执行贯通放炮。9时，跟班队长邱某安排职工沈某、李某、宋某三人到被贯通头西二13-1回风大巷警戒。9时20分左右，3人到西二13-1回风大巷皮带机头电话处（警戒联系点），接到邱某电话询问警戒情况，沈某回答“刚到”，李某、宋某上去撤人、警戒。9时30分又接到邱某电话询问警戒情况，沈某回答:“好了！”（沈某并未得到上去的两人警戒到位的回话）此时，宋某已拉警戒线，李某因人员未撤离，还未拉警戒线。约9时45分，响炮。此属严重违规放炮。

◎ 事故原因

（1）沈某未按措施要求，在第一现场确认警戒人员已到位、其他人员已撤离，而是图省事，凭想象认为警戒全部到位。

（2）管理不到位，警戒联系人不知道放炮警戒点的电话号码。

（3）放炮警戒人员手指口述安全确认不到位。

◎ 防范措施

（1）放炮管理必须严格执行《煤矿安全规程》及相关规程、措施要求，必须认真执行“一炮三检”“一炮三泥”“三人联锁”的放炮制度。

（2）放炮警戒必须进行手指口述安全确认。

（3）加强职工安全教育和业务学习，特别是要对新工人进行“二十条红线”“八十四条较严重三违”的培训。

（4）加强班前安全教育，提高班前会质量，派活时必须强调工作和安全要点。

4．没有确定放炮区域人员完全撤出的情况下放炮

案例：新庄孜矿“1·12”掘进放炮崩人事故

2009年1月12日，新庄孜矿掘进五队三组在63303风巷施工时发生一起放炮崩人事故。

◎ 事故经过

2009年1月12日夜班，该组施工的63303风巷采用分次放炮，先放下部，后放上部。两次放炮后，迎头下帮肩窝未放掉，施工单位要求补两个炮球放第三次炮。由于临近交接班时间，放炮工在未确定施工单位装炮、联炮人员已经撤出的情况下进行放炮，造成1人受伤。

◎ 事故原因

（1）放炮工未执行“一炮三检”等放炮制度，违规放炮，触犯“三违”“二十条红线”，是造成事故的直接原因。

（2）现场火工品和放炮管理措施落实不到位。

◎ 防范措施

（1）加强放炮管理，严格执行“一炮三泥”“一炮三检”“三人联锁”等放炮制度，确保放炮安全。

（2）严格按照规定设置放炮警戒，加强现场放炮督查，对发现的放炮管理问题认真追查处理。

（3）加强职工安全意识教育，认真落实“两规范”，严格按照规程措施施工，杜绝违章放炮。

（4）加强放炮管理制度及措施的现场落实。

5．验炮不认真

案例：谢一矿“1·9”采煤面落炮崩人事故

2008年1月9日，谢一矿采煤三队473B6工作面发生一起落炮崩人事故。

◎ 事故经过

2008年1月9日早班11时40分，工作面放炮结束，当班放炮员验炮后，在记录本上记录放炮完毕，没有落炮，并和中班放炮员进行了交接。13时15

分左右，中班采煤人员赵某在距上风巷5 m处用手镐刨煤时，引爆底部落炮受伤。

◎ 事故原因

（1）验炮不认真是造成事故的直接原因。早班放炮员在炮后积煤较多、不能判断底部是否落炮的情况下，就在放炮记录本上签字确认无落炮，并和中班放炮员进行了交接。中班放炮员在积煤清理后未进行二次验炮，就允许施工单位人员进行施工。

（2）早班采煤班长责任心不强是导致这起事故的间接原因。采煤班长和放炮员共同验炮时，在不能判断底部是否落炮的情况下就和中班采煤班长进行了交接。

◎ 防范措施

（1）加强放炮管理，严格执行炮后验炮程序，并严格执行二次验炮制度，二次验炮正常后方可进行底部施工。

（2）加强职工安全意识教育，提高职工对潜在隐患的防范意识。

三、正确操作规程

1. 爆破工（放炮员）操作规程

（1）向班组长接受任务后，确定当班使用炸药、雷管数量，填写领取单。严禁携带不合格的瓦斯检定器下井使用。

（2）领取并检查防爆放炮器。

①用放炮器钥匙将放炮器扭到充电位置，氖灯要发亮。

②禁止用短路的方法检查放炮器。

③放炮器完好，电池有电。

（3）领取放炮母线。

①必须使用橡胶铜芯或聚氯乙烯钢芯双线电缆。

②放炮母线接头除锈、扭结并用绝缘带包好。

（4）领取掏勺、木扦或竹扦、木或竹质炮棍，炮棍的直径应略大于药卷直径。

（5）领取炸药。持有区（队）长、技术人员签字盖章的或经主管部门批准的火药领取单，到爆破材料库领取当班使用的炸药。

（6）领取电雷管。

①只准领取符合规定的瞬发电雷管或毫秒延期电雷管；毫秒延期电雷管最后一段的延期时间不得超过130毫秒。

②当面清点电雷管数量。

③严禁领用延期性电雷管、非电导爆管。

（7）运送爆破材料应遵守的规定。

①电雷管必须由放炮员亲自携带运送。

②放炮员和放炮员助手携带的炸药数量不准超过规定的数量。

③爆破材料必须装在坚实的非金属容器内。电雷管和炸药应分装在不同的容器内或分装在同一容器的具有牢固隔板的间隔内并加锁。严禁将火药装在衣袋内。

④携带爆破材料上井、下井时，在每层罐笼内搭乘的携带爆破材料的人员不得超过4人，其他人员不得同罐笼上下。

⑤携带爆破材料的人员乘坐车辆时，不得与其他人同乘一列车，并要乘坐靠尾部的车辆，每车不超过2人。

⑥携带爆破材料人员不得在交接班、人员上下井时间内沿井筒上下。

⑦领到爆破材料后，应直接送到工作地点，严禁中途逗留；运送爆破材料人员行走过程中必须保持10 m以上的安全距离。

⑧严禁用刮板输送机、胶带输送机运送爆破材料。

（8）爆破材料的存放。

①爆破材料在工作面临时存放时，必须放置在放炮警戒线之外的，顶板完好、支架完整、无电器设施、不潮湿的安全地点。

②火药箱内只准存放炸药和电雷管，严禁将瓦斯检定器、放炮器存放箱内。炸药和雷管必须用隔板隔开，不得混放。

③不准任何人在存放炮药箱的地点休息，更不准坐在炮药箱上。

④防爆型放炮器要悬挂在干燥处。

（9）装配引药。

①只准由放炮员装配引药，不得由其他人代替。

②必须在顶板完好、支架完整、避开电气设备和导电体的巷道内装配引药。

③严禁坐在炮药箱上装配引药。

④从成束雷管中抽出单个电雷管时，应将成束的电雷管脚线顺好，拉住前

端脚线将电雷管抽出，不得手拉脚线硬拽管体或手拉管体硬拽脚线，一个引药只准装一个雷管。

⑤装配引药，应先将炸药卷顶部揉软，用木扦或竹扦在药卷的顶端中心垂直扎好略大于电雷管直径的孔，然后将电雷管插入孔眼，将脚线在药卷上拴一个扣，剩余的脚线全部缠在药卷上，同时将脚线末端扭结，严禁将电雷管从药卷侧面硬插入药卷中或捆在药卷上。

⑥装配引药时，必须防止电雷管受震动或冲击，防止折断脚线及损坏其绝缘层。

⑦装配引药的数量应根据眼数而定，并且用多少装配多少。装好的引药要立刻整齐摆放在容器内，点清数量，不得遗失，不准随地乱放。

（10）装药前，放炮员要与班组长及瓦斯检查工一起，对工作面及炮眼进行全面检查，对所检查出的问题应及时处理。在有下列情况之一时，不准进行装药。

①装药地点 20 m 以内风流中瓦斯浓度达到 1 %时。

②工作面风量不足或风向不稳定。

③装药地点 20 m 以内煤尘堆集飞扬。

④装药地点有片帮冒顶的危险。

⑤有伞檐，炮道不符合规定，煤壁局部突出 0.3 m 以上。

⑥炮眼内有异状，有压力水、瓦斯突增、炮眼塌陷出现裂缝、温度骤高骤低等情况。

⑦有眼深小于 0.6 m 的炮眼或不符合规程规定的眼深、位置、方向等情况。

⑧炮眼内煤粉未清除干净。

⑨基本支护与特种支护不齐全，支护有损坏未处理。

⑩发现瞎炮未处理。

（11）装药。

①用掏勺将炮眼内的煤粉清理干净。

②用炮棍将药卷轻轻地推入眼底，用力要均匀，不得强力冲击，但要使药卷间密实接触。

③正向爆破的引药最后装，装引药时其聚能穴朝向眼底，要一手推引药，一手松直脚线，但不要过紧，不得损伤脚线。

④填炮泥时要一手拉脚线，一手填炮泥，要慢慢用力轻捣压实。眼孔填够炮泥后，要将脚线扭结，并盘放在眼口，不得拖在炮眼外边。

⑤炮眼封泥应采用水炮泥。装填水炮泥时应先紧靠药卷填上 0.03 ～ 0.04 m 的炮泥，然后装水炮泥，外端再填以炮泥。注意不要用力过猛和压得太紧，以防捣破水炮泥，不得使用漏水的水炮泥。

⑥封泥应用不燃性的沙、黏土，禁止使用块状材料或可燃性材料。

（12）炮眼深度和封泥量的规定。

①炮眼深度小于 0.6 m 时，不准装药放炮。

②炮眼深度为 0.6 ～ 1 m 时，封泥长度不得小于炮眼深度的 1/2。

③炮眼长度超过 1 m 时，封泥长度不得小于 0.5 m。

（13）要按照作业规程规定的一次装药分段放炮或分段装药分段放炮的方式进行装药作业。

（14）设警戒。

①联线前，班组长必须亲自安排专人在警戒线和可能进入放炮地点的所有通路上担任警戒，放炮员须为警戒人员之一。

②警戒线必须设在顶板、支架完好的地点，并要设置警戒牌、栏杆或拉绳等标志。

③放炮时，所有人员都应在警戒线之外。

④工作面若与其他采掘面贯通，在相距 15 m 时，必须在要贯通处设警戒，直至贯通。贯通处两头都要在放炮前检查瓦斯。

⑤警戒的安全距离应符合局、矿的规定。

（15）在联线和放炮前，放炮员要和班组长、瓦斯检查工对放炮的地点进行第二次检查，对查出的问题应及时处理。在有下列情况之一时，不准进行联线放炮。

①放炮地点 20 m 以内风流中瓦斯浓度达到 1%时。

②存在第（10）条的各项问题未处理或处理后又出现时。

③未按第（14）条的规定设好警戒。

④放炮母线不足 50 m。

⑤应该掩盖维护好的设施未进行掩盖和维护。

⑥未按规定用水炮泥或封泥长度不足。

⑦分段放炮时，崩倒的棚子未扶起。

（16）联线。

①要按照作业规程规定的放炮顺序和联线方法联线放炮。

②严格执行“谁联线，谁放炮”的制度，即放炮母线联电雷管脚线及检查

线路和通电都必须由放炮员本人操作。

③工作面布置的单排眼、双排眼、三花眼或五星眼的联线都采用大串联法，最后剩下的两条脚线在未和母线连接前，要扭结成短路；母线未和脚线连接前，两端必须扭结成短路。

④母线与脚线连接后，再沿路检查母线。放炮员应最后退出放炮地点。

（17）放炮。

①母线与电雷管脚线连接后，放炮员即吹第一次哨并大声叫喊“要放炮啦”。

②放炮员沿路检查路线，第二次吹哨并大声叫喊“放炮啦”。

③到达放炮的警戒地点后，将母线连接在放炮器的接线端并拧紧。这时，第三次吹哨并大声叫喊“放炮啦”，等待30 秒后，用钥匙将开关转到充电位置，待氖灯闪亮稳定后，将开关钥匙转到原来放电位置起爆。

④炮响后，首先取下放炮器钥匙，然后将母线从放炮器上摘下并打结短路。

（18）炮后检查。

①放炮员会同班组长、瓦斯检查工进行放炮后的检查工作。

②通电后若没有爆炸，用瞬发电雷管时至少 5 分钟后、用毫秒延期电雷管时至少 15 分钟后，放炮员方可沿线路检查不爆的原因。

③在确属由联线不良造成不爆时，可以重新联线放炮。

④若确属瞎炮，应按第（19）条办法处理。

（19）处理瞎炮时必须遵守的规定。

①在距瞎炮至少 0.3 m 处另打同瞎炮眼平行的新炮眼，重新装药放炮。

②严禁用镐刨或从炮眼中取出原放置的引药，或从引药中拉出电雷管；严禁将炮眼残底（无论有无引余炸药）继续加深；严禁用打眼的方法往外掏药；严禁用压风吹炮眼。

③处理瞎炮的炮眼爆炸后，放炮员必须详细检查炸落的煤、矸，收集未爆的电雷管。

④在瞎炮处理完毕以前，严禁在该地点进行同处理瞎炮无关的工作。

（20）装药的炮眼必须当班放炮完毕。若遇特殊情况无法当班放完时，必须在现场向下班放炮员交接清情况。

（21）在本班放完炮、吹散炮烟并经班组长同意后，放炮员须吹长哨并大声叫喊“放完炮啦”，方可撤警戒和让其他人员进入工作面作业。

（22）收拾、整理好工具，存放在规定地点或亲自携带收藏。

（23）清点剩余电雷管、炸药，填写消耗单并须经班组长签字。当班要办好爆破材料退还手续，不准私藏电雷管及炸药。

（24）向下班放炮员交班，介绍当班工作情况。

（25）升井后要将瓦斯检定器或瓦斯检定灯交回矿灯房。

2．放炮警戒工操作规程

（1）认真学习《煤矿安全规程》和施工地点作业规程或安全措施，熟悉避灾路线与施工地点警戒范围巷道的关系。

（2）严格按作业规程或安全技术措施规定的放炮警戒图布置警戒线，直巷不小于 100 m，弯巷不小于 75 m。

（3）每个警戒点应不少于 2 人进行警戒，1 人警戒，1 人反馈信息；班长在没有得到反馈信息之前，不得下达放炮命令。

（4）严格执行“人、牌、网”三警戒制度。

（5）撤除警戒要符合作业规程和安全技术措施规定。

第四章

运输提升工作中的违章行为典型案例及操作规程

矿井运输提升工作是矿井生产的大动脉，环节多，易存在安全隐患和发生事故，因而管理难度也较大。只有提升运输安全畅通，才能有效地保障生产任务的完成。所以，分析运输提升工作中的违章行为及操作规范，采取相应措施减少事故的发生势在必行。

一、运输提升工作中经常出现的违章行为

矿井发生运输提升事故的原因大多与司机的操作、维护不当有关。了解和分析造成事故的原因，吸取教训并从中找出预防措施，对于强化运输、提升司机的安全意识、提高操作技能，有着十分重要的意义。运输提升工作中经常出现的违章行为如下所述。

（1）在开车前，机车司机未发出开车信号就开车。

（2）机车运行中，司机将头或身体探出车外。

（3）机车司机离开座位时，未切断电源、未将控制手把取下、未扳紧车闸。

（4）机车、矿车未定期检修，发现隐患不及时处理。

（5）机车的闸、灯、警铃（喇叭）、连接装置和撒沙装置不正常，仍继续使用。

（6）机车运输（列车或单独机车）时，前无照明、后无红灯。

（7）正常运行时，机车在列车后端长途顶车。

（8）列车通过风门时，未设置风门两侧都能接收到的声光信号装置。

（9）巷道内路标和警标装设不符合《煤矿安全规程》规定。

（10）擅自使用紧急停车信号。

（11）两机车（或两列车）在同一轨道、同一方向行驶时，间距小于100 m。

（12）未做到列车制动距离每年至少检测 1 次。

（13）矿井轨道铺设不符合安全质量标准。

（14）架线电机车使用的直流电压超过 600 V。

（15）电机车架空线的悬挂高度不符合《煤矿安全规程》的规定。

（16）使用固定车厢式矿车、翻转车厢式矿车、底卸式矿车、材料车和平板车等运送人员。

（17）用人车运送人员时，每班发车前未检查各车的连接装置、轮轴和车闸等。

（18）用人车运送人员时，同时运送有爆炸性的、易燃性的或腐蚀性的物品。

（19）用人车运送人员时，车速大于 4 m/s。

（20）双轨巷道乘车场人员上下车时有其他车辆进入乘车场。

（21）井下矿用防爆型蓄电池机车，其电气设备不按规定到车库内打开检修。

（22）人力推车时不执行“1 次只准推 1 辆车”的规定。

（23）人力推车时不时刻注意前方，在矿车两侧推车。

（24）人力推车时同向推车的两车间距不符合《煤矿安全规程》的规定。

（25）人力推车时，从坡度较大的地方推车，接近道岔、弯道、巷道口、风门、硐室出口时，推车人未及时发出警号。

（26）人力推车时放飞车。

（27）在能够自动滑行的坡道上停放车辆或停放时不采取制动措施。

（28）倾斜井巷运送人员的人车没有顶盖。

（29）倾斜井巷运送人员的车辆未装可靠的防坠器。

（30）倾斜井巷运送人员时，跟车人未坐在设有手动防坠器把手的位置上。

（31）倾斜井巷运送人员前，每班未按规定检查人车的连接装置、保险链和防坠器，并必须先放 1 次空车。

（32）在倾斜井巷内，未安装能够阻止运行中断绳、脱钩车辆跑车的防护装置。

（33）在倾斜井巷内，变坡点下方大于 1 列车长度的地点，未设置能够防止未连挂的车辆继续往下跑的挡车栏。

（34）在倾斜井巷内，各车场未安设能够阻止带绳车辆误入非运行车场或区段的阻车器。

（35）斜井提升时不执行“严禁蹬钩、行人”的规定。

（36）运送物料时牵引车数超过规定。

（37）运送物料时装载物料超重、超高、超宽或偏载。

（38）采用滚筒驱动带式输送机运输时，使用非阻燃输送带。

（39）采用滚筒驱动带式输送机运输时，未安设驱动滚筒防滑保护、堆煤保护和防跑偏装置。

（40）采用滚筒驱动带式输送机运输时，未安设温度保护、烟雾保护和自动洒水装置。

（41）带式输送机巷道中，行人跨越带式输送机处未设置过桥。

（42）井巷中采用钢丝绳牵引带式输送机运送人员时，未卸除输送带上的物料。

（43）专用升降人员的罐笼超过规定人数时把钩工不制止。

（44）提升装置超载运行。

（45）箕斗提升不执行“定重装载”的规定。

（46）升降人员的罐笼、带乘人间的箕斗未装设可靠的防坠器。

（47）检修人员站在罐笼或箕斗顶上工作时，未佩戴保险带。

（48）立井提升装置过放距离内有积水和堆积杂物。

（49）升降人员或升降人员和物料用的钢丝绳未按规定周期进行检验。

（50）钢丝绳磨损过限或严重扭曲变形不及时更换。

（51）使用中的钢丝绳不按规定时间及时涂防腐剂或润滑油。

（52）提升装置必须装设的保险装置不齐全、不灵敏可靠。

（53）提升司机随便离开工作岗位。

（54）提升司机擅自调整制动闸。

（55）主要提升装置未按规定配备正、副司机各 1 人。

（56）使用罐笼提升的立井井口、井底和中间运输巷的安全门与罐位提升信号连锁失灵。

（57）挂运材料不捆绑或捆绑不合格。

（58）停车不打掩或打掩不合格。

（59）连接装置损坏的矿车不甩出。

（60）无证开车。

（61）人车把钩工躺着吹哨发车。

（62）机车不按警示标识停车。

（63）处理掉道车生拉硬顶。

（64）往车场子甩车不给铃。

（65）机车进入平硐司机不戴矿灯。

（66）用矿车撞击风门。

（67）列车连接不用专用插锁。

（68）列车运行中摘挂钩。

（69）在瓦斯矿井中，架线电机车未安设便携式甲烷检测报警仪。

（70）机车带病作业。

（71）在回风巷行驶的机车司机不携带瓦斯报警仪。

（72）巷道坡度大于 7% 时，人力推车。

（73）斜巷向下运材料、设备不用矿车，随意滚动。

（74）斜巷向上运材料、设备不用矿车，用绞车钢丝绳捆绑硬拉。

（75）斜巷绞车不带电松车，放飞车。

（76）平巷推车不瞭望。

（77）绞车把钩工接班后不清扫道岔。

（78）擅自拆除机车车棚或损坏不及时修复。

（79）井下蓄电池充电室不使用矿用防爆型电气设备。

（80）矿用绞车司机操作中启动和减速不平稳，提升容器到井口不及时减速。

（81）采用无极绳运输时，地滚损坏不及时更换维修。

（82）采用无极绳运输时，挂卡子前不检查卡子是否完好。

（83）采用无极绳运输时，摘卡子时站到轨道中间，头和身子伸到两车碰头中间。

（84）带式输送机的机头传动部分、滚筒、液力离合器等处未设保护罩或保护栏杆。

（85）带式输送机司机衣着袖口、裤脚、衣襟未扎紧。

（86）带式输送机司机直接用手拨弄托辊。

（87）带式输送机运行中用铁锹或其他工具刮除粘在滚筒上的煤泥。

（88）工作面刮板输送机沿线未安设能发出停车或开车信号的装置。

（89）刮板输送机机槽接口不平稳，机头、机尾固定不牢靠。

（90）擅自进入煤仓、溜煤（矸）眼内处理被卡堵的煤、矸石。

（91）擅自用爆破方法处理被堵塞的煤仓和溜煤（矸）眼。

（92）处理堵塞在煤仓、溜煤（矸）眼内的煤和矸石时，处理人员不系保险带。

（93）处理堵塞在煤仓、溜煤（矸）眼内的煤和矸石时，在正对着卸煤口处站着捅。

（94）提升机司机无信号擅自开车。

（95）提升机运行过程中运转部位发出异响不及时断电停车。

（96）提升机运行过程中出现情况不明的意外信号不及时断电停车。

（97）双滚筒缠绕式提升机对绳操作时，单钩提升或下放。

（98）提升机运行过程中，司机在非紧急情况下使用保险闸。

（99）斜井提升矿车脱轨时，用绞车牵引复轨。

（100）擅自变更继电器和安全装置的整定值。

（101）提升机经过检验后，不按规定进行试运行。

（102）提升机运行日志填写不认真，甚至弄虚作假。

（103）电机车司机甩掉保护装置或擅自调大整定值。

（104）机车或列车车辆搭乘非工作人员。

（105）进行特殊运输时，不执行专项安全技术措施。

（106）电机车司机不松闸就开车。

（107）电机车司机在车外开车。

（108）顶车时，列车两侧站有人仍继续顶车。

（109）异域顶车。

二、典型案例及分析

1．违章跨越正在运行的机器

案例：违章跨越刮板输送机受伤事故

2003年8月15日，在某煤矿综采队某工作面上，某工人因直接从刮板输送机上跨越，被刮板刮倒，最终导致下肢截瘫。

◎ **事故经过**

2003年8月15日，工作面正常生产，采煤机在机头向机尾行驶。端头支护工张某从工作面轨中巷到工作面找高压管子，因刮板输送机距机尾间隙较小，张某直接从刮板输送机上跨越。张某把脚踏在输送机上时，没有注意到机尾的刮板已经出槽，随即被出槽的刮板刮倒，接着被带向机头。支架操作工钱某及时向采煤机司机发出停机信号，待张某被救出时已经奄奄一息。跟班副队长迅速组织人员将张某送医院抢救，虽然张某保住了生命，却造成下肢截瘫的重伤事故。

◎ **事故原因**

（1）支护工张某违规在刮板输送机运行时直接跨越输送机，是造成事故的直接原因。

（2）综采队在没有按照规程的设计在机尾设置人行过桥，致使张某在跨越刮板输送机时被刮倒，负有管理责任，也是事故的主要责任。

◎ **防范措施**

（1）工作面端头安全出口的行人宽度及高度必须符合规程及措施要求。当工作面没有行人出口时，必须加设人行过桥或采取其他措施保证出口畅通。在没有人行过桥的地点通过运输设备时，必须坚持停机行人制度，严禁人员跨越运行中的运输设备。

（2）加强设备的检修与维护管理，及时更换面溜刮板及溜槽，防止面溜飘链。移溜时，要严格按照要求顺直溜子，杜绝操作不当造成面溜出链等事故。

（3）立即对全体职工进行岗位操作技能培训，不合格者停班学习，从根本上提高职工对隐患的防范能力。

2．未检查绞车是否处于安全状态就开车

案例：绞车基础不上帽

2003 年 4 月 3 日，某掘进工区因为违章操作机器造成工人受伤。

◎ **事故经过**

2003 年 4 月 3 日夜班，某掘进工区职工王某在联络巷上山提运材料 11 车。当班出勤 7 人，上扒勾 4 人，王某负责开绞车，其余 3 人负责摘勾推车。在凌晨 3 时左右，已提升 4 钩 8 车，当提运第 5 钩、车提到距变坡点 3 m 处时，绞车突然向前拉翻跑出，将司机王某甩出并砸伤。

◎ **事故原因**

（1）绞车底盘与基础固定螺丝不上帽，造成绞车拉翻伤人，是造成事故的直接原因。

（2）区队安排不了解该绞车结构、不懂安装绞车技术的工人安装绞车。

（3）管理有漏洞，安排工作不细不实。该绞车本来安排机电科安装，但没有得到落实，致使不懂技术的工人安装绞车。

◎ **防范措施**

（1）抓好对职工的安全教育，不断提高职工的安全意识；加强对绞车司机的学习培训，严格执行绞车“六不开”制度。

（2）加强对运输设备的管理，由跟班电工负责。每日对运输设备检查 1 次，严禁绞车带病作业和绞车基础不牢。

（3）加强对岗位工的流程描述，上岗时排查现场的安全隐患，做到隐患不整改不施工。

3. 推车时手扶车沿或车帮违章作业

案例：运输加长件 推车要小心

2004年7月19日，某掘进工区转料组在推车时，没有注意到前方拐角处弯度较大，造成一起工伤事故。

◎ **事故经过**

2004年7月19日中班，某掘进工区转料组在掘进工作面后路转料，其中有一车是轨道，待一车轨道提升到斜巷上扒勾，当班班长赵某安排刘某和魏某将一车轨道向迎头方向推进。当车推到巷道拐弯点处，由于轨道长拐弯角度较大，刘某推车时轨道与巷道左帮发生碰撞，手被挤在中间造成手指粉碎性骨折。

◎ **事故原因**

（1）违章作业，没有严格按照人力推车工技术操作规程作业，自我防护意识差，是造成事故的主要原因。

（2）推车作业人员互保联保意识差，发现违章作业没有及时制止，是造成事故的次要原因。

（3）班长安排工作不细致，现场管理不严不细，是造成事故的又一原因。

◎ **防范措施**

（1）加强对职工危险源辨识的培训，增强职工危险源辨识能力。

（2）增强职工自我防护和相互安保的意识，及时制止现场各种违章行为。

4. 人力推车没有保持安全距离

案例：人力推车没有保持安全距离

2005年7月25日，某掘进工区由于两辆人力推车没有保持安全距离，致使两车相撞，一名作业人员被撞伤。

◎ **事故经过**

2005年7月25日中班，某掘进工区副区长李某带领10人在某修复巷道出矸。李某安排刘某和巩某去1号通道推车皮，推车时刘某在前，巩某在后。刘某推一个车皮行至风门处，将矿车停下开风门。刘某将要把风门打开时，巩某推车皮赶到，两辆车皮相撞。前面一辆车皮向前一冲，矿车碰到刘某，刘某身体倾斜，手撞到风门上受伤。

◎ **事故原因**

（1）巩某违章作业，推车时没有保持安全距离，互保联保意识差，是造成此次事故的主要原因。

（2）刘某自我防护意识差，自己开风门时，没有告知巩某停车，是造成事故的次要原因。

（3）副区长李某现场管理不到位，安排工作不严不细，是造成事故的又一原因。

◎ **防范措施**

（1）加强职工安全教育培训，提高职工互保意识。

（2）加强现场监管，杜绝违章作业。

5．不正常使用保险绳

案例：副井扒勾工提料挤手

2006年8月30日，某矿运搬队因为保险绳掉落造成副井扒勾工提料挤手。

◎ **事故经过**

2006年8月30日，某矿运搬队值班人员华某安排下料班负责地面转料工作。8时40分左右，由于电瓶车顶料车时造成第一钩最后一辆料车和第二钩最前一辆料车间隙过小，无法用大环连接。扒钩工赵某、李某图省事，发现两料车间隙过小，没有喊电车向后带车，而是挂好钩头，把保险绳连住第二辆料车车尾，发慢点起车信号让绞车司机带车。料车启动后，保险绳掉落，扒钩工赵某违章用手提保险绳向车上放，前车启动拉紧保险绳，赵某躲避不及，导致左手小指被挤骨折。

◎ **事故原因**

（1）扒钩工赵某安全意识淡薄，自我防护意识差，料车启动后，违章用手提保险绳，没有意识到保险绳被拉紧后勒车的危险，且没有按照“先连环，后挂钩头，再挂保险绳”的程序操作，是造成事故的直接原因。

（2）扒钩工李某与赵某共同违章操作，且互保意识差，对赵某的不安全行为未给予提醒制止，是造成事故的主要原因。

（3）绞车司机李某作为班里明确的现场安全负责人，在离开扒钩地点时，没有明确临时安全负责人，且听到慢点起车信号后，违章按正常提车速度开车，是造成事故的另一主要原因。

（4）下料班班长向某对当班的安全工作安排不严不细，是造成事故的又一主要原因。

（5）队长孙某、党支部书记张某日常安全管理、安全教育工作不到位；技术员华某值班期间安排工作不具体，措施传达不到位，且对现场存在的隐患未拿出具体整改措施，也是造成事故的主要原因。

◎ **防范措施**

（1）要认真吸取事故教训，对现场存在的保险绳过长、爬车机道上扒钩无专职信号工等隐患，要及时采取措施落实整改，坚决杜绝类似事故的发生。

（2）对于爬车机道下扒钩无安全躲避地点的重大事故隐患，运搬队必须及时提出行之有效的整改措施，报有关部门会审批准后，及时落实整改。

三、正确操作规程

1. 电机车司机操作规程

（1）接班。

①接班司机必须向交班司机详细了解列车运行、信号、线路状况，交班司机交班时必须向接班司机主动交代清楚。

②接班司机必须认真对电机车进行检查。

◎司机室的顶棚和电机车车体是否完好。

◎电机车的链接装置、碰头、链环等是否良好。

◎电机车手闸、风闸、撒沙装置是否灵活有效。

◎照明灯是否明亮，喇叭、警铃音响是否清晰、洪亮。

◎通信装置、发讯机是否正常。

◎在切断电源的情况下，控制器换向和操作手把是否灵活，闭锁是否可靠。

◎集电弓起落是否灵活。

③检查中发现问题，必须及时处理或向当班领导汇报。

④开车前，电机车司机应督促跟车工认真检查车辆的组列、装载等情况，如发现问题，在问题未处理前不得开车。

（2）司机操作。

①操作时应保持的正常姿势为，坐在座位上，目视前方，左手握控制器操

作手把，右手握集电弓起落绳，严禁将头和身体探出车外。

②不得擅自离开工作岗位，严禁在机车行驶中或尚未停稳前离开司机室。暂时离开岗位时，必须切断电动机电源，将控制器手把取下保管好，扳紧机车手闸，但不得关闭车灯。

（3）作业。

①正常运行时，机车必须在列车前端，但调车和处理事故时不受此限。如果用机车推行车辆，必须听从跟车人员的指挥，速度要慢。对车组列连钩时，要随时注意挂钩人员的安全。

②行驶中，司机必须经常注意前后瞭望，按信号指令行车，要注意观察人员、车辆、道岔岔尖位置、线路上的障碍物等，细心操作。

③两机车或两列车在同一轨道、同一方向行驶时，必须保持不少于 100 m 的间距。

④列车行驶速度：运人时不得超过 4 m/s；运送爆破材料或大型物料时，不得超过 2 m/s；车场调车时不得超过 1.5 m/s。

⑤接近风门、巷道口、硐室出口、弯道、道岔、坡度较大或噪声大等场所，双轨对开机车会车前，以及前面有人、有机车或视线内有障碍物时，必须减速，鸣笛并发出警报。

⑥列车出现故障或发生不正常现象时，必须减速停车检查汇报；在有发生事故的危险地段或接到紧急停车信号时，必须及时停车。

（4）交班。

①按调度员或班长指令将电机车开到指定的地点停好，将手闸扳紧，切断电源，取下手把。

②现场交接班，向接班司机交代上班运行情况。

（5）安全要点。

①途中因故停车后，司机必须向值班室及调度员汇报。

②在设有闭塞信号的区段，应首先在机车（列车）前后设置防护，然后才能检查机车（列车）等，但不准打开电气设备检修。

2．立井信号工操作规程

（1）接班。

检查信号系统、暖气管路、各班箱子、清理卫生工具等。

（2）作业。

①上、下人时，信号工首先换提人指示灯，拉开安全门，提醒上罐人员看好走稳，再按顺序入罐。人员上满后（每罐 12 人），关好安全门，拉上安全栏，用信号联系井底信号工，打提人信号（一声长铃）。接到井底提人信号四声短铃、确认准确可靠后，再向绞车房打提人信号（四短）。

提升中，信号工要集中精力，严禁离开工作岗位，注意提升过程情况，如发现异常，立即打停车信号（一声长铃）。

正常情况下，罐升至井口时打停罐信号，待罐停稳后，拉开安全栏，打开安全门，让乘罐人员有秩序地出罐（每罐如此）。南门进，北门下，保证井口秩序。

②提升物料、空车、料车时，首先换上下物料指示灯，并与下边信号工用电话联系说明下物料情况（备好下料所用楔子、链子），下边同意后待发出上信号，再给绞车房打落罐信号，罐落在座上打停铃，然后拉开安全栏，卸下安全门，把所要下的物料装在罐笼，打好罐卡，挂好两头安全链，支好两头木楔，进行详细检查，保证物料安全可靠。

下放大型设备时，必须加配重，向下边信号工发一声短铃是待打开车信号后，接到信号通知罐已装好，再向绞车房打开车信号，运行中要集中精力，监听运行状况。

3. 猴车司机操作标准规程

（1）接班。

①接班司机必须准时到达工作地点，现场接班。

②接班司机听取交接司机介绍当班人车运行情况及巷道情况。

③观察并检查吊座、钢丝绳、托绳轮、减速器、电动机巷道情况；检查信号进行双打、对打，声音是否洪亮、清晰准确。

④启动前，应在室外目视检查有无检修人员或其他人员在架空人车附近作业或停留。

⑤向下信号工打电话联系，准备试车，待收到下信号工的信号后，按启动按钮开车空运转。

⑥启动后，司机应集中精力细心观察，倾听绞车有无异常，试车一圈确认无问题后准备正式开车运送人员。

⑦发现问题及时处理，并且及时向值班室汇报。

⑧履行交接班手续。

（2）作业。

①检查使用的工具是否齐全、保险准备情况。

②收到开车信号后，再对打一次，确认无误后，按启动按钮开车。

③运行中司机要坚守工作岗位，精力集中，严密监视乘坐人员是否按规定乘坐，并注意观察吊座、托绳轮、钢丝绳磨损情况及电动机、减速器的运转是否正常，有异常情况立即处理，手不离操作按钮，随时做好停车准备。

④乘人高峰期间，司机必须站在信号房外安全地点监视乘人情况，要求乘坐人员在指定地方排队乘坐；若是非正常停车，立即到变坡点，观察有无异常现象。经检查若无异常情况，向乘车人员发出开车信号，按下启动按钮，点动开车两次，使架空人车正常运行。

⑤停车后，司机应检查电机、减速器是否有过热漏油现象，联轴节销有无折断和缺少情况，制动闸的磨损余量、钢丝绳的磨损、断丝情况是否超限。

⑥架空人车运行中，发现钢丝绳脱轮，应立即打点停车，使用专用工具进行处理。

⑦发现信号按钮及控制开关损坏，必须向队值班人员汇报，安排检修人员处理。

⑧发现问题及时处理，处理不了的问题，及时向上级汇报。禁止猴车运行中处理问题。

（3）交班。

①清点好所使用的工具或零配件有无丢失，做到心中有数。

②清理机头的杂物，并打扫干净。

③检查机头部分所有设备、电机温度是否超限。

④向接班人汇报本班工作情况。

⑤协助接班人员现场检查。

⑥发现问题协同处理。

⑦对遗留问题，落实责任向上汇报。

⑧履行交接班手续。

4．蓄电池电瓶车充电工操作规程

（1）接班。

检查充电设备设施、线路、工具、仪器仪表、消防器材、电瓶车、硐室卫生等，并汇报区值班领导，同时做好记录。

（2）作业。

①充电时应再检查一次电源连接是否正确，观察电压表的指示值，做好记录后，启动整流器开始充电。在充电过程中发生的变化，如有异常情况应停电处理。在有 80% 的单体电池电压升至 2.4 V 时，方可改用第二阶段充电。当电解液冒出细密强烈气泡，而且达到 2.5 V 以上，电压比重稳定 3 小时不变即为充电完毕。

②在充电过程中，电池中电解液溢出时应及时吸出、擦净。每小时必须检查一次电池电压、电解液面、比重和温度，并做好记录。充电完毕后，必须停止 1 ～ 1.5 小时，待冷却后方可盖上电池旋塞，盖上电池箱盖，锁上螺栓。

③每班工作结束后，须填写有关记录，并打扫环境卫生，整理好工具及仪器仪表等。

（3）交班。

必须交代上班设备运行状况，并说明注意事项。

（4）安全要点。

①经常检查充电设备的完好程度。同时注意观察电流值、电解液的比重和温度是否符合规定，发现问题及时处理。

②在配制和浇注电解液时，工作人员必须穿戴好防护面具，确保自身的安全。

③充电完毕，关闭硅整流充电柜的电源开关，并用自来水冲洗各器具和蓄电池箱外表。

5．信号把钩工操作规程

（1）作业前的检查。

①信号系统是否齐全、声光兼备、声音清晰、准确可靠。

②钢丝绳是否无弯折、无硬伤、无打结、无断股、无严重锈蚀磨损、断丝不超限。

③地辊、阻车器、挡车杠等安全防护装置是否灵活可靠、开闭到位。

（2）提升车辆。

①信号工必须认真检查确认车辆连接状况及车辆自身状况，包括碰头是否开焊变形、轮对是否转动灵活。

②认真检查钩头，保险绳与主绳连接可靠，绳卡标准，无损伤。挂好钩头、

插好插销、连接好车辆。检查保险绳是否锈蚀、断丝，绳卡是否松动，拴好保险绳钩头，插好插销。

③检查确认运输线路内无行人或作业人员，符合行车条件，拴好保险绳。

④检查确认无误后，下车场信号工发信号给上平台信号工，待回复可以行车后，向绞车司机发出缓慢开车信号。

⑤上平台信号工监视并正确操作阻车器、挡车杠开启，目送车辆通过阻车器、挡车杠。

⑥车辆通过阻车器后，及时恢复阻车器，上平台信号工发送正常停车信号，正常停车。

⑦车辆停稳后，用木楔掩好车辆，摘掉主钩头，摘掉保险绳钩头，卸下保险绳并放在巷道帮壁。

（3）安全要点。

①开车前，必须保证巷道内无行人。

②信号工在挂好钩头后，严格检查车辆的连接是否牢固、保险绳是否拴紧、钩头是否闭锁。

③信号工必须站在躲避硐室内操作信号。

④发送信号要准确可靠。

⑤车辆运行时，发现异常，及时发送停车信号。

6．井下电工检修操作规程

（1）作业前的准备工作。

①进入操作现场。

②检查矿灯、矿帽、毛巾，袖口是否扎紧。

（2）检修步骤。

①将便携式瓦斯监测仪放置在临近开关上。

②将需要检修的开关转动手把停电，同时打上闭锁。

③停掉上级电源，打上闭锁，并挂“有人工作，严禁合闸”停电牌；监护人监护到位，监护人检查是否符合正常检修的条件。

④在打开所需检修的开关上盖前，用便携式瓦斯监测仪检测硐室内和该开关周围瓦斯的浓度，如果瓦斯浓度在 0.5% 以下，可以打开；如果超过 0.5%，则不能打开。

⑤打开开关的上盖，卸下电源护板，用验电笔验电，然后把放电线的一端

接在接地线接线柱上，另一端与动力接线柱接触，进行放电。放电后，将电源侧接上短路接地线。

⑥紧固各个接线柱螺栓，清理接线毛刺，检查开关内是否有杂物。

⑦打开开关主腔体外壳，检查腔体内各部接线柱是否齐全、紧固、无锈蚀；检查各换向开关、保险管、插件的完好情况，整定值是否内外相符，熔断器是否完好；检查各防爆面是否完好，对存在的问题现场进行处理，然后合上开关外盖。

⑧检查各密封圈、挡板的完好情况，喇叭嘴是否松动，防爆面螺栓是否紧固，对不符合标准的现场进行整改。

⑨检修完成后，去掉短路接地线，填写设备检修卡，装电源护板，对防爆面进行除锈处理，合上开关上盖，摘停电牌，送上级开关电源。打开开关闭锁，送设备电源。

⑩清理操作现场，收齐工具，检查设备运转情况，离开现场。

（3）安全要点。

①检修设备时，严格遵守停电、验电（用相应等级的验电笔进行验电）、放电、打接地的操作程序。

②停电后开关要挂“有人工作，严禁送电”标志牌，严格执行“谁停电、谁送电”的制度，其他人员严禁擅自停送电。

③挂短路接地线时，应先接接地端，后接导体端。拆除短路接地线时则相反。接地线连接要可靠，不得缠绕，严禁使用不合格或代用的接地线。

7. 矿车维修操作规程

（1）作业前的准备工作。

①准备好所需工具及零配件，并检查起吊设备。

②按矿车完好标准逐项进行现场检查。

③作业检查完毕后，推动矿车，检查轮对转动是否灵活。

（2）检修步骤。

①在车场进行列车检查时，与电机车司机联系好后，方可工作。若发现有下列情况的车辆，应摘除修理。

◎车厢严重变形和破裂。

◎车底（车架）严重开焊或散架。

◎轮轴严重弯曲、脱轮、死轮及破轮。

◎碰头破碎无法连接。

②在车下检修断轴、掉轮事故时，应事先与运输调度取得联系。要在列车前后设警戒，有专人负责指挥进行处理。

③矿车检修程序一般规定为：车厢整形、修补车底、轮轴拆装与更换、碰头连接装置定期修理。

④进行矿车 90 度或 180 度翻倒作业时，要使用 5 分钢丝绳套，启动时要对准起吊位置。

⑤装配轴承时，要仔细校对各种零部件尺寸，装配好的轴承径向、轴向间隙符合规定，并注入足够的润滑油脂。矿车轮对轴承每半年至少注油一次，一年内必须清洗检查一次。凡损坏的轴承，弹性挡圈等零件必须及时更换。

⑥拆装碰头时要采用专用工具进行工作。

⑦清点所使用的工具和剩余的零配件。

⑧对检修好的矿车进行检查，看是否符合要求。

（3）安全要点。

①作业时，工作人员不能少于 2 人，其中 1 人监护。

②列车检修人员要注意来往车辆。

③在双轨巷处理事故时，严禁另一股道车辆通行。

④起吊时设专人监护，工作人员必须站于安全地点。

⑤装配时防止挤伤手指或碰伤脚。

⑥井下电、氧焊时，要办理井下电焊申请。

⑦操作人员均不得站在碰头正面，以防弹簧伤人。

8．把罐工操作规程

（1）接班。

①进入接班地点。

◎立井把钩工应熟悉所使用的机电设备、设施及工作地点环境，能熟练地进行操作。

◎立井把钩工必须经专门培训，考试合格，持证上岗。

◎接班把钩工提前 15 分钟上岗，同上班把钩工现场交班。

②接班。

◎把钩工准时进入工作场所，现场交接班。

◎询问工作情况及查看记录，了解上班工作情况以及存在的问题和注意事项等。

◎交接班现场检查与试运转情况：检查阻车器、托罐器、挡车器、安全门、信号闭锁装置及其附属设备设施是否灵活、可靠、有效；立井口周围、罐笼内整洁无杂物，牌板、宣传栏无损坏；与信号工、绞车司机配合，对设备设施进行一次运转检查，确认无问题后，方可正式运行。

③交接班中发现的问题，能处理的立即处理，不能处理的，及时向区队和调度室汇报。

④履行手续。交接完毕，做好交接班记录，双方签字，准备上岗作业。

（2）作业。

①上下人员时把钩。

◎打开安全门，挂起罐链或打开罐门，站在离井口 1 ～ 2 m 处，等待人员入罐。

◎人员入罐时，要清点乘罐人数，当达到规定乘罐人数时，放下罐链或关闭罐门，关闭安全门。

◎要再次认真检查安全设施及乘罐人员肢体或携带工具有无突出罐外，确认无误后，退至安全地点，向信号工发开车信号。

◎罐笼到位后，打开安全门，再打开罐链，把钩工将罐链挂起，等待人员进出罐。进出罐完毕，关闭罐帘，关闭安全门。

◎电雷管和炸药必须分开运送，装有爆炸材料的罐笼内不得有其他人员。

②上下物料时的把钩。

◎上下物料时，将人员上、下的进出口门关闭，严禁非工作人员进入作业区。

◎将托罐器放下。

◎检查车辆是否完好，装载是否合格，一切正常后，准备推车入罐。

◎打开安全门，一名把钩工打开阻车器，无推车机的，应有两名把钩工站在料车尾端侧面将料车推进罐笼。

◎当料车进入罐笼后，将罐内拦车器扳下卡住料车，检查固定情况，确认无问题后，站在安全地点向信号工发开车信号。

◎罐笼到位停稳后，掀起罐座，打开安全门，扳起罐内栏车器，以工人或机械方式将料车推出或拉出罐笼。

◎提升物料结束，立井下口把钩工将托罐器收起，空试运转一次，方可提升人员。严禁在同一罐笼内人员和物料混合提升。

③特殊问题处理。

◎密切注意罐笼的运行情况，发现意外，立即向信号工发出紧急停车信号。

◎上下物料时，如果罐笼内矿车脱轨，要按矿有关规定和安全措施处理。

（3）交班。

①停罐后，要将安全门关闭，所有阻车器闭合。

②清扫井口周围的杂物浮尘，不得将杂物清理到井筒内，清点、收拾工具、插销，准备交班。

③向接班人汇报本班工作情况，协助接班人现场检查，发现问题立即协同处理，对遗留问题向上级汇报落实责任。

④履行交接班手续，填写记录。

（4）安全要点。

①严禁同时从罐笼两侧上下人员。

②罐内轨道应与平台轨道对齐。

③推车人落脚应距轨道外侧不小于 2 m。

④装运超宽、超长、超高物料或设备，必须制订专门措施并严格执行。

9．提升绞车司机操作规程

（1）启动前的准备工作。

①检查绞车各部是否完好。

②检查钢丝绳的断丝磨损是否超过《煤矿安全规程》的要求。

③检查电气设备是否完好、信号系统是否正常、是否有失爆。

④检查阻车器、挡车栏是否灵活可靠、道路是否畅通。

⑤检查绞车基础是否牢固、硐室是否有杂物。

⑥将制动手把置于制动位置，然后合上电源开关手把。

（2）操作程序。

①启动与加速。

司机收到开车信号后，缓慢松闸，同时按下启动按钮，绞车开始启动；待电动机正常运转后，将制动手把推到终点，绞车达到全速运行。

②减速停车。

当车辆行至减速位置时，右手把开始施闸，同时按下停止按钮，车辆开始减速；当车辆行至停车位置时，将制动手把完全拉回闸紧卷筒。工作结束后，将电源开关手把打回零位。

（3）安全要点。

①司机必须熟悉信号，听从指挥；当信号不清或有疑问时，必须重新联系，严禁无信号开车。

②运转当中必须严格执行“行车不行人”的制度。

③操作时，司机精力必须高度集中，手不得离开操纵手把和按钮。

④运行中不准任何人接近运转部位和钢丝绳，严禁用手拨弄钢丝绳。

⑤严禁超载运行，下放重物时电动机必须带电。

⑥严禁无证人员操作。

⑦绞车电气有失爆或绞车系统有重大缺陷，严禁使用。

⑧提升或下放途中掉道应立即停车，施好闸瓦，立即处理。

10．小绞车司机操作规程

（1）一般规定。

①小绞车（运料小绞车）司机必须经过培训，达到“三懂”（懂构造，懂性能，懂基本原理），“四会”（会使用，会保养，会维护，会处理故障），考试合格并持证上岗。

②运料小绞车必须使用双打电铃信号或声光信号装置，信号要灵敏可靠，听不清信号不准开车。联系信号规定如下：一次长铃——停车；连续二次铃——开车；连续三次铃——倒车松绳；连续乱铃——掉道或有事。

③所有电缆线不允许有明接，防爆铃盒，开关和按钮不准随意打开，出现问题由电工停电处理。

④有以下情况之一时，要及时停车。

◎绞车启动或运行中发现绞车移动或压戗柱松动。

◎车辆在平巷或斜坡上运行时发现有行人停留。

◎发现由于掉道或其他原因造成的绞车超负荷。

◎发现其他不安全因素或有人喊停车。

⑤严格遵守“行车不行人，行人不行车”制度。严禁人员跟车或蹬钩上、下车。

⑥把钩工必须待车停稳后按规定数挂车和摘钩。

（2）准备、检查与处理。

①准备。工具：钳子、扳手、长柄铁钩等；配件：油壶、螺钉等。

②检查与处理。

◎绞车附近的顶帮支护应牢固可靠，巷道内无影响绞车运行的杂物堆积。

◎打压、戗柱的绞车，其压戗柱要牢固有劲。固定底座的绞车，地脚螺钉必须紧固可靠。

◎绞车突出部位距轨道侧不小于 0.5 m。

◎开关应上架摆放稳当，电缆要悬挂整齐，操作按钮要安装在操作方便且不受碰撞处。

◎绞车各部件、螺栓、垫圈、护罩等紧固齐全，制动闸和离合闸要灵活好用。

◎绞车的减速器和轴承油量要充足，不漏油，油质必须合格。

◎信号要灵敏可靠，并符合完好要求。

◎钢丝绳在滚筒上固定要牢固可靠、排绳要整齐，一个捻距内断丝面积不超过原钢丝绳总面积的 5%。

◎地滚和立滚要固定可靠，转动灵活。

◎挡车装置应牢固可靠，使用灵活，并符合有关要求。

◎钢丝绳钩和保险绳钩、绳卡和绳皮要齐全牢固，两卡之间距离要符合规定。

◎道岔和岔尖必须搬动灵活，符合质量要求。发现问题要及时处理，如无法处理，及时汇报，待班组长进行妥善处理后，方可进行操作。

（3）车辆掉道的处理。

①及时停车并将钢丝绳绷紧。

②由上把钩工到车辆的上方，观察和了解现场情况，下把钩工负责禁止行人通行。

③靠近车辆下打两根斜撑支柱，撑木必须使用直径 0.18 m 以上的优质木料，用木楔打紧背牢。

④将车辆后车轮用木楔背好。

⑤用千斤顶将前车轮顶起并超过轨道高度。

⑥人员站在车辆的上方斜侧，用撬棍将前轮撬上轨道。

⑦将前车轮用木楔背好。

⑧工作人员站在车辆的侧面，用千斤顶将后车轮顶起并超过轨道高度。

⑨用撬棍将后车轮撬上轨道。

⑩检查轨道是否符合规定，发现问题妥善处理。

⑪用锤打掉车辆下方两根撑木。

⑫清理车辆周围撑木、工具等，工作人员向上撤离至安全地点后，方可正常操作。

（4）操作及其注意事项。

①拉车时的操作。

◎当听到拉车信号后，及时打“回头铃”（拉车信号）。

◎松开制动闸和离合闸，按启动按钮。

◎轻压离合闸，使车轮慢慢启动后再将离合闸压下。

◎听到停车信号，慢松离合器，同时将制动闸压下，按停止按钮。

②松车时的操作。

◎当听到松车信号后，及时打“回头铃”（松车信号）。

◎松开离合闸，压下制动闸，按启动按钮。

◎慢松制动闸，均匀松车。

◎听到停车信号后，将制动闸压下，同时按停止按钮。

③注意事项。

◎没有深度指示器的小绞车，应在钢丝绳和滚筒上做出指示记号，以便及时减速和停车。

◎绞车在运转中，司机应经常注意电机和机械的响声，如果声音不正常或有特殊震动时，应立即停车检查原因。

◎钢丝绳在滚筒上缠绕时，应按顺序排列，最外层距滚筒边缘的高度，至少应为绳径的 2.5 倍。底绳在滚筒上缠绕，不得少于 6 圈。

◎绞车运行中，严禁用手或脚直接拨动钢丝绳和检查机器的传动部分，检查绞车轴承的温升和油量时必须停车。

◎空重车不准在坡上吊钩停放，中途需要装卸时，应相互联系好以后进行，但严禁摘钩，车的下方应打好撑木，司机要压好制动闸，车辆下方不得有人停留。

◎禁止绞车司机擅自离开绞车。绞车处于工作状态时，两手不准离开制动闸和离合。

◎上把钩工的操作顺序。

挂好绳钩和保险绳钩；在车辆运行的前方挂上红灯；将车推至挡车器处；与司机联系，将钢丝绳绷紧；站在轨道的一侧打开挡车器，与绞车司机联系，将车缓慢推至或拉向变坡点处下放。

◎下把钩工的操作顺序：当听到打松车信号后，打开坡底的挡车装置；

当车辆松到合适位置，钢丝绳不再处于工作状态时，打停车信号；待车辆停稳后，站在轨道的一侧，先摘保险绳钩，再摘主绳钩；最后将红灯取下运行到指定地点。

◎上把钩工未关闭挡车器前不许摘挂钩，下把钩工未打开挡车装置不得打开车信号。向下放车时钢丝绳未绷紧，未挂好钩头保险绳钩，不得打开挡车器。

（5）收尾工作。

①操作结束后应做好以下工作。

◎将钢丝绳全部缠在滚筒上。

◎切断电源，将开关手把打在断电位置，锁紧闭锁螺钉。

◎做好绞车周围环境卫生工作。

◎盘好信号线，收拾好工具。

②向接班人、班组长汇报运转情况和存在问题等。

11．人车跟车工操作规程

（1）一般规定。

①跟车工必须经过专门培训，懂得人车的基本构造原理，并能正确处理运行中出现的故障；经考试合格发证后，持证上岗操作。

②严格执行交接班制度，接班人不来，交班人不准撤离工作现场；填好交接班记录并向领导汇报。

③交接班应做好下列工作。

◎交代上班运行情况和可能发生事故的因素。

◎交代上班发生事故的情况和原因。

◎交代运行线路、道岔、信号、路灯、路标等情况。

④斜井人车跟车工负责每班做一次人车手动落闸试验，并协助人车专职维修工做好相关的人车检查和试验工作。

⑤平巷人车跟车工负责摘挂红尾灯。

（2）运行前的检查。

①斜井人车跟车工应做好下列检查。

◎接班后，检查人车的各部件、连接装置、手动落闸机构等，特别要使人车自动落闸机构闭锁处于打开位置，制动装置应灵活好用，所有检查合格后才能运行。

◎检查乘车秩序，乘员应坐好，不得超员，人车连接处严禁站人，人车的安全防护链必须挂好。

◎检查乘员不准携带超长、超宽的工具，不准将火药、雷管等爆炸性、易燃性、腐蚀性物品或其他物料带入车内。

②平巷人车跟车工应做下列检查。

◎接班后，检查连接插销、链环、人车连接装置、碰头等各部件是否良好。

◎检查乘车秩序，乘员应坐好，不得超员，人车连接处严禁站人，人车的安全防护链必须挂好。

◎检查乘员不准携带超长、超宽的工具，不准将火药、雷管等爆炸性，易燃性、腐蚀性物品或其他物料带入车内。

（3）运行操作。

①斜井人车跟车工按下列要求操作。

◎每班运送人员前，必须先放一次空车，证实巷道和轨道确无掉道危险时，方可运行。

◎跟车工要熟悉信号，必须随身携带专用人车信号发射机，发送信号必须准确。下班时必须将信号机交回充电室按时充电。

◎跟车工必须坐在人车运行方向的第一节车的第一个座位上，行车时注意观察，随时做好正常停车和紧急手动落闸停车的准备。

◎遇有下列情况之一时，跟车工必须果断地搬动手闸停车：线路或巷道遇有障碍物，或有其他危险情况时；已发生停车信号，提升机没有停车或来不及通知提升机司机时；提升机失控，人车下行速度超过正常速度时（带绳跑车）。

②平巷人车跟车工按下列要求操作。

◎跟车工必须随身携带口笛，用鸣笛作为与电机车司机的信号联络。待全面检查工作完毕并合格后，向司机发出开车信号。发送信号要清晰、准确，严禁用手势或口头喊话代替。

◎跟车工必须坐在列车尾车的最后一排座位上，行车时注意观察，运行中发生特殊情况及时向司机发出紧急停车信号。

◎运行中发现同一线路后有列车开来，应摇动红灯向后面列车司机发出警号，防止发生追尾。

（4）下班。

下班时将列车红尾灯交送充电室及时充电，并将车厢内打扫干净。

12．胶带输送机司机操作规程

（1）开车前的检查与准备。

①检查各部螺丝是否紧固、联轴器是否良好、防护罩是否齐全、润滑油是否足够。

②从机头到机尾检查胶带有无撕带、跑偏等情况，接头是否良好，托辊有无掉落和不转等情况。

③检查电缆是否悬挂整齐、开关是否正立平稳、电气设备有无失爆现象。

④经检查确认无问题时，合上开关手把。

（2）操作方法。

①开车前应先发信号，然后点动（一开一停）一次，没有问题时才可正式开车。

②在正常情况下，停车前应将输送机胶带上的煤拉完，避免下次重载启动运输机。

（3）安全要点。

①注意检查电动机、减速器的声音和温度，防止烧电机。

②副司机（或维修工）必须来回检查运输机运行情况，发现跑偏、撕带和其他异常情况时，应及时发出停车信号，进行停车处理。

③禁止用胶带运输机运送设备和器材。

④禁止在输送带上行走。

⑤下班时必须将输送带上的煤运完，把机头附近清理干净，开关手把打到零位。

13．皮带巡道工操作规程

（1）皮带巡道工必须熟悉皮带机性能、构造原理及维修方法，并经过培训合格，方可上岗操作。

（2）进班时，对整台皮带机进行检查，有问题必须处理好后方可运行。

（3）生产中，随时对设备进行巡回检查，发现故障必须处理好后方可运行。

（4）负责清理皮带机运行过程中的障碍物，浮煤、煤矸必须清理干净，有卡、阻现象必须及时清除。清除机头、机尾滚筒处的浮煤时，必须停止作业。

（5）皮带巡道工必须配备好扳手、钳子、铁锹等工具。

（6）严格按《煤矿安全规程》作业。

（7）监督皮带司机照章作业。

（8）皮带机在运行过程中，严禁人员翻越和从皮带下方穿过皮带机。

14．刮板机司机操作规程

（1）作业前的准备工作。

①认真检查传动装置、机头部及各部螺栓是否齐全牢固。

②检查通信信号系统是否畅通、操作按钮是否灵活可靠。

③检查减速箱油量是否符合规定，检查液力耦合器水介质及减速箱有无渗漏现象。

④点开输送机，无问题后试运转一圈，细听各部声音是否正常，检查所有链条、刮板连接螺栓有无丢失、松动、弯曲过大等现象，如有问题应立即补齐、拧紧或更换。

⑤检查文明生产情况。

（2）运行中的注意事项。

①听清信号，信号不清不准操作。

②经常注意电动机、减速箱的运转声音，如果发现异常响声，应立即停机检查，处理后方可重新开动。

③经常观察链条、连接环、托叉、护板等状态，发现问题及时处理。

④液力耦合器的易熔塞不准使用其他材料代替或堵死。

⑤利用输送机运大件时，必须按矿总工程师批准的安全技术措施执行，严禁损坏设备或打支杆伤人。

（3）停机。

①应把溜槽中的煤、货输送完毕再停机。

②清理机头各部，不得压埋电动机、减速箱，保持良好的文明生产环境。

③认真填写工作日志，把当班输送机的运转情况向接班人交接清楚。

15．移溜工操作规程

（1）一般规定。

①工作面移溜工要经过专门培训，熟悉溜子、液压泵、推溜器的性能、结构和本工作面的作业规程，经考试合格，方可持证上岗操作。

②移溜时，煤帮侧和机头、机尾附近的人员都必须撤离。

③移溜后，必须补齐和打好规定的支柱。

④机道距离应符合作业规程的规定。

⑤移溜应达到规程规定的要求。

（2）准备、检查与处理。

①准备。

◎工具：改锥、扳手、钳子、套管、撬棍（钢丝绳）等。

◎配件：刮板、链环、链条、螺钉、铅线、密封圈、油管等。

②检查与处理。

◎检查溜子机道内浮煤及杂物是否清理干净；底板凹凸不平时，要刨平或垫平。

◎检查溜槽和溜槽弯曲部分是否脱节、链子是否出槽。

◎检查电缆、水管是否在电缆槽内，防止移溜时挤压。

◎发现问题不能单独处理时，必须汇报并配合班长、电钳工、支回柱工等及时妥善处理后，方可工作。

③操作。

◎采煤机割煤后，应距采煤机后滚筒 10 m 以上距离推移溜子。

◎移溜后，要保持溜子、支架和煤壁成直线。

◎缓倾斜工作面，采煤机采用双向割煤时，可采用随机移溜，由下向上单向移溜。

◎移机头和机尾时，必须距采煤机后滚筒 15 m 距离，机头、机尾必须一次移够步距。当机尾没有电动机等装置时，移机尾必须停机，到位打好稳固支柱后方能启动溜子。

◎移溜后，溜子起伏不平，需要垫平时，应该用液压千斤顶顶起溜槽处理。

◎用回柱绞车移机头时，必须点开绞车。严禁使用绳钩直接钩机头，必须使用钢丝绳套拴好机头，再用绳钩钩住绳套进行作业。

◎移溜时，应与溜子司机联系好，遇到问题，需立即停机时，应保证准时停机。

④收尾工作。

◎溜子试车最少转两圈，不符合要求时应立即处理，直至达到质量标准。

◎清点工具、备件等。

16. 给煤机司机操作规程

（1）开车前的检查。

①各紧固件是否牢固可靠，各连接螺栓是否松动。

②减速器润滑油位是否适当、各润滑部分润滑是否良好。

③行程销、联接销、给煤机滚轮、导轨是否完好。

（2）开车与运行。

①接到开车信号后，待受煤设备转动正常后，按下启动按钮，启动给煤机。

②运行中，应随时观察受煤设备的运行情况。

③观察出料口有无大矸和煤块堵塞，如发现问题应发出信号，立即停机，同时将上山皮带即停开关关闭，然后进行处理。

④测听减速器和电机温度有无异常情况。

（3）停车。

①接到停车信号后，按下停止按钮停机。

②工作结束后，做好设备保养和文明生产。

（4）向班组长汇报并与接班人员详细交班。

17. 翻矸机司机操作规程

（1）开机前的准备与检查。

①检查翻矸机是否平稳，钢丝绳和绳轮是否良好。

②检查翻矸机各部件螺丝有无松动、销子是否齐全、防护罩是否完好、操作机构是否灵活可靠。

③检查开关、按钮等电器设备是否完好。

④经检查没有问题时，推出牵引手把和翻车手把，刹住牵引滚筒和翻矸滚筒，然后合上空气开关。

（2）操作程序。

①退绳挂车：按下“反转”按钮启动电动机，然后拉动牵引手把，使牵引滚筒松闸。由推车工牵着牵引绳退绳，当退到适当长度时，刹住牵引滚筒，并按下“停止”按钮，停止电动机，等待推车工挂车。

②牵引重车：矿车挂好后，按下“正转”按钮启动电动机，然后拉回牵引手把，使牵引滚筒松闸。此时，牵引滚筒开始缠绳牵引。当重车进入翻笼内时，推出牵引手把，刹住牵引滚筒，停止牵引，等待推车工摘钩（这时候电动机空转）。

③翻矸卸矸：摘钩后，拉回翻车手把，使翻车滚筒松闸。此时翻车滚筒开始缠绳，使翻笼沿着卸矸架滚动，当滚到卸矸位置时，推出翻矸手把，刹住翻车滚筒，等待矿车倾卸矸石。

④翻笼复位：翻矸后，拉动翻车手把松闸，这时翻笼将在自重的作用下慢慢地退回原位，然后刹住翻车滚筒。重复第②、③、④步操作，即可连续翻矸。工作告一段落时，按“停止”按钮停止电动机。

（3）安全要点。

①翻矸时，矸石坡上严禁有人捡煤，有人不得翻矸。

②翻矸时，翻笼不得滚出过度，以免翻矸后无法自动返回。

③翻矸时，牵引手把应及时刹紧牵引滚筒，防止牵引绳退出滚筒损坏离合器。

④操作时，司机应与推车工密切配合，防止发生设备和人身事故。

⑤司机操作时，应扎紧袖口，女工应戴女工帽，防止发生事故。

⑥工作结束时，应关断空气开关，并将操纵室的门锁好。

18．破碎机司机操作规程

（1）开车前的检查。

①各紧固件是否松动、齿轮箱润滑是否良好、传动皮带是否完好、防护罩是否安全可靠。

②人力盘动大皮带轮两卷检查有无卡阻现象。

③电磁铁是否完好可靠。

④齿辊箱盖是否完好封闭。

⑤轴齿磨损情况。

（2）运行。

①点动破碎机确认无任何卡阻时，首先启动电磁铁，按下破碎机按钮，待破碎机正常转动后才能给料。

②运行时应经常检查电磁铁的工作情况，发现异常情况应立即停机。

③检查电机温升情况，电机温升不超过550℃。

（3）停机。

①在物料处理完成后，首先按下给料装置停止按钮，再停破碎机，最后停止电磁铁。

②做好设备保养和文明生产。

（4）安全要点。

①破碎机运转时严禁打开齿轮轴箱盖。

②破碎机运转时严禁爬上轴箱。

③电磁铁与破碎机必须安装电气闭锁。

第五章

掘进工作中的违章行为典型案例及操作规程

煤矿生产是一项复杂的系统工程，决定了煤矿生产安全评价的复杂性。煤矿生产事故严重制约了煤矿生产，给国家与个人带来了生命与财产损失。长期以来，人们对矿井安全事故存在片面的认识，忽视了掘进生产中的安全事故。掘进事故的“零敲碎打”是矿井安全事故的重要因素之一。

一、掘进工作中经常出现的违章行为

煤矿井下作业复杂、环境恶劣、事故多发。在煤矿掘进工作面，事故的发生不仅与复杂的环境有关，而且与作业人员的综合素质也有很大关系，尤其是作业人员的受教育水平、专业技术水平、安全技术知识、身心健康状况等。在煤矿的掘进过程中经常出现的违规行为如下所述。

（1）岩（煤）巷不用湿式凿岩（煤），干打眼。

（2）不按爆破作业说明书（炮眼布置图、说明表）打眼装药。

（3）打眼时无钎子套。

（4）掘进工作面不按规定打探眼。

（5）领钎工作业戴手套。

（6）眼位过高、钻架不够高时，不搭设牢固的平台。

（7）多台凿岩机打眼时交叉作业。

（8）打眼工骑在气腿上打眼。

（9）边打眼边装药。

（10）钻眼过程中发现来压、出水等异常现象，仍继续打眼。

（11）打眼前，不延好中心腰线，没有中心腰线就打眼。

（12）进入工作地点不认真敲帮问顶、不检查支护状况就打眼。

（13）凿岩机使用前不检查各部件是否完好，不检查风水管路连接装置是否牢固。

（14）煤电钻使用前，不检查各部件是否完好、是否漏电。

（15）岩掘工作面见煤后，不及时更换雷管、火药。

（16）斜巷与上部巷道贯通时，不按安全措施施工。

（17）水平巷道贯通前 20 m，不按安全措施施工。

（18）掘进工作面无施工图牌板。

（19）用矿车、铲斗装岩机或机车当脚手架。

（20）不按规定及时挑顶，空顶作业。

（21）掘进煤层斜巷不按规定打半截门子，镶帮不合格。

（22）斜井下延施工时，绞车道上料石、材料散放，无圈。

（23）刮板输送机头、机尾不按规定支护。

（24）处理冒顶作业现场工具不全和没有备足材料。

（25）上山掘进或有片帮危险的平巷掘进工作面，不及时进行迎头支护或支护不合格。

（26）“一定三找”不落实，或不认真敲帮问顶。

（27）临时护顶不符合要求，带着隐患作业。

（28）不按规定超前护顶。

（29）在掘进工作面的严重危险区域内（冲击地压、煤与瓦斯突出），施工人员人数超过有关规定。

（30）在冲击地压区域，材料不按规定捆绑或捆绑不合格。

（31）冲击地压区域工作面压风自救的设施损坏及不给风压。

（32）冲击地压区域施工人员不戴防震帽，不穿防震背心。

（33）掘进拉门地点不按措施维护设备及管线。

（34）找顶时无人监护。

（35）工作面放炮后不等炮烟排净就进入工作面。

（36）凿岩期间井口工作范围无栅栏。

（37）乘吊桶或随吊盘升降时，不佩戴保险带。

（38）超过 25 度的上山不设梯子、扶手和信号装置。

（39）危岩、活矸未处理就在该地点进行其他作业。

（40）在粉尘浓度超标情况下继续作业。

（41）清洗风动工具使用可燃性和有毒性洗涤剂。

（42）运料人员撞倒棚子，不及时扶起。

（43）独头巷道扩修与掘进平行作业。

（44）在有冲击地压煤层巷道采用刚性支架。

（45）倾斜巷道施工未按规定设置躲避硐。

（46）站在溜矸眼的矸石上作业。

（47）工作面的安全出口不符合规定。

（48）在巷道施工前或爆破前，没有对靠近掘进工作面 10 m 内的支护进行有效加固。

（49）爆破崩倒、崩坏的支架不及时修复。

（50）修复支架时不检查顶、帮，违反由外向里逐架进行修复的规定。

（51）在斜巷施工中，支架无防倒装置。

（52）巷道空帮空顶部不处理，堆积的浮煤不及时清扫。

（53）掘进工作面一次架棚不合格。

（54）U 形钢支架卡子松动或缺卡子。

（55）棚子帮顶没有封严、刹牢或有活石。

（56）棚顶刹杆出现单帮、单顶、缺扣木、缺劲木、缺楔子。

（57）斜巷 U 形钢棚铁拉杆数少于 3 个。

（58）平巷 U 形钢棚扣木不是用大拌或直径 10 mm 圆杆制作的。

（59）随意拆卸帮顶刹杆、卡子。

（60）架棚棚腿高低不平，柱高不见实底、不穿木鞋。

（61）棚子构件不齐全。

（62）锚杆机不开水而干打眼。

（63）用手触摸锚杆机旋转杆。

（64）锚杆角度不垂直巷道轮廓线而打穿皮锚杆。

（65）锚杆外露长度超过 50 mm。

（66）锚杆的直径、长度、间排距、锚固长度不符合设计要求。

（67）不使用气动扳手紧固螺栓（丝）。

（68）锚杆的起锚点不符合作业规程规定。

（69）喷混凝土支护不按配比拌料，无石子或少石子。

（70）使用锚索张拉机前，不对张拉机具及液压系统进行检查，带病作业。

（71）出现不合格的锚杆或失效锚杆不及时补打。

（72）拌料不使用量具或在矿车里拌料。

（73）喷浆或混凝土没有底槽。

（74）锚网施工不执行一炮一锚或最大空顶距离超距、锚索滞后锚固。

（75）锚网不按规定进行联网。

（76）锚杆预紧力不够。

（77）托盘不紧贴岩（煤）壁。

（78）锚网支护不按规定厚度喷射。

（79）不按规定数量、规格、品种使用锚固剂。

（80）喷射人员不佩戴防护眼镜，喷头对着人。

（81）煤巷掘进工作面使用永久支护的锚杆或锚索起吊设备或其他重物。

（82）喷浆前不检查喷浆机各部件是否坚固完好。

（83）锚索的预紧力和外露长度不符合规定。

（84）安装锚固剂前不吹净眼内的积水和岩（煤）粉。

（85）锚杆及锚索不按规定时间做拉拔实验。

（86）锚杆机使用前不检查风水管路接头连接是否牢固。

（87）锚网不紧贴岩（煤）壁或向网内充填其他物料。

（88）锚网复合支护的工作面架棚滞后距离超过作业规程规定。

（89）砌碹没有底槽，不留缓压圈，灰浆不饱满，不抹保护层。

（90）不填碹，填碹堵门，填不实，用木料填碹。

（91）不使用石楔或软岩做石楔。

（92）斜巷碹胎无防倒装置。

（93）碹胎搭接不用螺丝，或卡子不紧固、缺顶子。

（94）放炮崩倒的碹胎不及时扶起。

（95）短掘短砌工作面碹胎少于 5 架。

（96）拆卸在用支架、拆卸未达到养护时间的碹胎。

（97）砌碹工作台上存放的石料数量超过作业规程规定。

（98）作业前不检查帮顶支护情况、综掘机各部件是否完好，带病作业。

（99）综掘机开机时不及时开冷却喷雾。

（100）综掘机启动前不发出信号警报，不进行空载试运转。

（101）不按截割图表作业，空顶距超过作业规程规定。

（102）综掘机司机离开操作台时未切断电源开关。

（103）检修综掘机时，其他人员在截割臂和转载桥下方停留或作业。

（104）耙斗机使用前不检查各部件是否完好、牢固，未检查导向滑轮是否固定好、信号是否灵敏可靠。

（105）使用耙斗机无信号或信号失灵。

（106）耙斗机司机无遮挡保护作业。

（107）在高瓦斯区域或突出危险区用钢丝绳牵引耙斗机。

（108）耙斗机装岩时，机上方有人站立且猛拉、硬拉超规定的大块矸石，将其拉上耙斗槽。

（109）耙斗机信号不好使用摆头灯、敲打铁管或喊话代替。

（110）装岩前不检查各部件是否齐全完好、紧固及照明装置。

（111）装岩前不往矸石（煤）上洒水降尘、冲洗岩（煤）壁。

（112）铲斗式装岩机无照明装置或照明装置不好用。

（113）装岩时司机与看电缆人员不在一侧。

（114）铲斗装岩机检修或串爬道时不将铲斗固定。

（115）铲斗装岩机停止作业时不停电。

（116）使用风镐前不检查风镐与压风管路连接是否牢固。

（117）喷射管路前方有人不停机，继续作业。

（118）、高顶留顶处除正常排布锚杆外，不在关键紧要处补打锚杆。

（119）抬运棚子、机械、设备跨越运输设备时，不通知停机。

（120）掘进工作面施工人员不经批准擅自更改支护形式。

（121）掘进工作面风量不足，照常作业。

二、典型案例及分析

1. 放炮前没有检查作业地点的顶板、支护质量情况

案例：掘进顶板事故

2000 年 11 月 21 日，某矿掘进过程中由于在拿下迎头前探梁的情况下放炮，导致架棚垮落，险酿成死亡事故。

◎ **事故经过**

2000 年 11 月 21 日夜班，某矿掘进预备 1 队施工的 23 风巷受地质构造影响，在 20 度下山施工，迎头全岩，且棚梁上有 2 m 以上的煤顶。凌晨 1 时左右，迎头打齐了 32 个炮眼，先装了 18 个底眼及掏槽眼。为了避免放倒棚造成前探梁变形，迎头前探梁被拿了下来。在未采取任何防倒棚措施的情况下，放了第一炮，结果崩倒 4 棚。3 时 20 分左右，迎头扶好倒棚后，又像放第一炮那样，把前探梁拿下来放了第二炮，原扶好的 4 棚又被崩倒。跟班队长和工人张某冒险进入倒棚区进行接顶扶棚，煤顶及第 5 棚突然垮落，将二人埋住，经及时抢救，二人脱险。

◎ **事故原因**

（1）现场施工条件差，且放炮期间不使用前探梁；接顶不实，造成空帮、空顶、支架无劲。

（2）干部违章指挥，现场落实措施不认真。

（3）违反《煤矿安全规程》第 41 条“掘进工作面严禁空顶作业，靠近掘进工作面 10 m 内的支护，在爆破前必须加固，爆破崩倒的支架必须先进行修复，之后方可进入工作面作业”等规定。

◎ **防范措施**

（1）改善施工方案，制订具体的和有利于职工操作的施工安全措施。

（2）抽派职能部门干部加强现场跟班，严格落实施工措施。

（3）加强放炮管理，在煤巷变岩巷时，要对补充措施中把炮眼布置、打眼角度和装药量进行明确的规定；规范使用前探梁，认真加固迎头 10 m 的支架。

（4）认真执行“敲帮问顶”制度，杜绝“三空”现象。

2．在环境不安全的情况下仍然进行掘进工作

案例：折帮煤块砸伤腿

1999 年 4 月 22 日，某掘进工作面生产的工人，由于忽视工作面的不安全因素被煤块砸中。

◎ **事故经过**

1999 年 4 月 22 日晚 6 时班，某掘进工作面正组织生产。由于该工作面顶板压力大且煤壁松软，不时有大煤块片帮。21 时左右，扒装机前移，在机后清理卫生的徐某被突然片帮的煤块砸在右小腿上，造成小腿轻微骨折、肌肉撕裂。

◎ **事故原因**

（1）职工徐某自主保护意识差，对煤壁片帮可能造成的危害辨识不清。

（2）当班班长班中巡查不到位，不能对工作面存在的危险源及时提出警示。

（3）工区安全教育培训不到位，致使职工对危险源辨识能力不强，安全防范意识差。

◎ **防范措施**

（1）加强对职工的安全教育培训，提升安全防范意识和危险源辨识能力。

（2）跟班人员及班长班中加强巡查，及时就工作面存在的隐患问题、危险源向职工提出警示。

3．主管违规指挥，冒险只为工作量

案例：违章指挥造成顶板冒落事故

1997 年 6 月 7 日，某工区掘进工作面存在地质构造异常，主管在明知规定的情况下，仍然不缩小间距施工，导致迎头控顶距过大，顶板冒落，1 名工

人被埋致死！

◎ **事故经过**

1997年6月7日，某工区掘进工作面施工现场位于断层带，顶板破碎。按照规程规定，顶板破碎带应缩小锚杆间排距及循环进尺。该主管区长赵某在明知规程规定的情况下，仍然安排按原间排距及循环进尺进行施工。现场放炮后，班长李某组织人员进行临时支护。由于迎头空顶距过大，且顶板岩石破碎，在临时支护时顶板突然冒落，将正在临时支护的施工人员刘某埋在了冒落的矸石下。现场施工人员将刘某从矸石堆中扒出后送往医院抢救，但因伤势过重，刘某抢救无效死亡。

◎ **事故原因**

（1）主管区长赵某不按规程要求组织施工，违章指挥，是造成事故的直接原因。

（2）班长李某现场安全管理不到位，安全意识淡薄，在明知现场顶板破碎的情况下，未及时采取措施，违章指挥，是造成事故的主要原因之一。

（3）职工刘某安全意识淡薄，自主保安意识差，违章作业，是造成事故的又一主要原因。

（4）该单位主管技术员对安全规程传达贯彻不力，现场落实不到位，危险源辨识能力差，是造成事故的又一原因。

（5）跟班安监员现场隐患排查不认真，没有排查出现场重大隐患。

◎ **防范措施**

（1）进一步加强干部、职工的安全教育和培训工作，切实提高职工的安全意识和自我防护能力，提升安全防范意识和危险源辨识能力。

（2）加强现场顶板管理，现场严格按规程、措施施工，特殊条件下采取特殊措施，杜绝“三违”现象。

（3）跟班人员及班长班中加强巡查，对工作面存在的隐患问题、危险源及时采取有效措施。

（4）加强现场施工流程控制，严格按章作业，坚决做到“不安全不生产”。

4. 错误操作机器

案例：大平矿“2005·11·22”机电事故

2005年11月22日白班，大平矿综放队在输送过程中由于端头支架操作工违章作业，违反支架拉移程序，擅离职守，最终命丧机下。

◎ **事故经过**

2005年11月22日白班，大平矿综放队孙某在设备检修完毕后，于10时25分开机。采煤机从50号支架处开始向机尾方向运行。采煤机大约在12时到机尾，12时30分第一遍机尾做完。采煤机退出机尾，开始进行推移前部输送机及拉端头支架作业。拉端头支架由吴某、张某、张某3人负责。前部输送机向前推移后，后部输送机拉到位，然后张某拉A号、B号支架，吴某拉C号支架。拉完端头支架后，采煤机开始做第二遍机尾。

按照正常工作程序，在做第二遍机尾前需将3个端头支架进行调整。副班长白某安排吴某和张某2人到回风超前支护处抬单体，准备调整端头支架。这时，工作面143号支架高压管崩坏需要处理。泵站司机王某关闭泵站，致使调整端头支架工作暂时无法进行。

由于当时C号支架侧护板也有问题，于是吴某与钳工王某便一起去处理。之后，听到载波电话里喊“143号支架坏管已换好，送泵”。当液压泵运转后，吴某发现后部输送机前移，怀疑有人拉动后部输送机，便去架前检查，但架前无人。随后发现B号支架控制后部输送机前移的阀把处于工作位置，吴某随即将阀把恢复到零位，并发现B号支架右侧后立柱处有人，上前一看是端头支架工张某被挤在后部输送机电机与B号支架后柱宽约70 cm缝隙间。

吴某立即喊班长白某等人用单体将后部输送机支开，将张某救出，发现张某头部被挤压严重，已经死亡。

◎ **事故原因**

（1）张某违章作业，违反劳动纪律，是造成事故的直接原因。在工作过程中，张某违反支架拉移程序，擅自在工作循环之外操纵后部输送机拉移油缸，且在泵站停止运转时未将操纵手把及时复位。由于泵站因换高压管路未及时恢复运转，张某违反劳动纪律，在后步输送机电机和支架间空隙处休息，泵站恢复运转后，拉移油缸动作将其挤压在两物体之间，致其死亡。

（2）在场的组长、班长、安全检查员没有及时发现张某违章操作和违反劳动纪律的行为，对班组人员现场监管不到位。这是造成事故的间接原因。

（3）技术管理工作不细致。在工作面回采过程中，对综采设备的管理未制订详尽的安全措施，特别是泵站因故停止工作后，在恢复之前，对各操纵元件的状态缺乏全面细致的检查，造成设备误操作。这是造成事故的又一间接原因。

（4）对职工的安全教育不够。职工安全操作技能有待进一步提高，遵守劳动纪律的意识有待进一步加强。

◎ **防范措施**

（1）加强职工岗位安全操作技能培训，提高安全操作的意识和能力，加强工人遵守劳动纪律意识的培养和督促检查，减少个体违章、违纪。

（2）进一步细化综采设备的安全技术管理，制订严格细致、符合现场安全管理需要的措施，明确相应的检查和控制手段，确保设备使用过程中有较高的安全可靠性。

（3）加强现场施工的动态管理，制定明确、细致、可靠的管理方法，确保班长、组长全面了解每一个工人的动态行为，对违章、违纪行为及时发现并制止。

5．运行机器前没有检查清楚

案例：匆忙试运转　杂物飞出伤人

2006 年 1 月 20 日，某掘进工作面在试运行机器过程中由于未将工作面上的杂物清理干净，造成杂物飞出砸伤人事故。

◎ **事故经过**

2006 年 1 月 20 日，某掘进工作面在组装溜子，组装全面完成以后，须对设备进行试运转。由于在安装过程中时间紧、任务重，与其他班组平行作业的时候比较多，在工作面溜子溜槽里有遗留下的铁钎子、木枇子等杂物。当工作面溜槽初次运行时，在机头的正对面突然射出铁钎子、木料等物件，将在机头清理卫生的张某右腿砸伤。

◎ **事故原因**

（1）输送机组装后，试运行前没有检查清理机道。

（2）输送机运行时，张某在机头正对方违章作业。

◎ **防范措施**

（1）在输送机运行时，无论溜槽里清理得彻底与否，工作面机头正对处都严禁有人工作或逗留。

（2）在输送机组装过程中，应认真清理卫生、杂物等。

（3）安装设备试运转前，必须进行严格的检查，经检查无误后，通知所有人员撤离到安全地点，方可发出试运行信号进行试车。

三、正确操作规程

1．超前、端头支护工操作规程

（1）上岗条件。

熟悉采煤工作面顶底板特征、作业规程规定的顶板控制方式、超前及端头支护形式和支护参数，掌握支柱与顶梁的特性和使用方法，经过培训、考试合格后，方可上岗操作。

（2）接班。

①备齐注液枪、卸荷手把、液压升柱器、支柱定位卡具、锹、镐、锤、斧子、锯等工具，并检查工具是否完好、牢固可靠。

②及时进入接班地点，询问上班工作情况及存在的问题。

③检查液压管路是否完好。

④检查工作地点的顶板、煤帮和支护是否符合质量要求，发现问题及时处理。

⑤检查超前及端头处浮煤、浮矸是否清理干净，是否符合验收标准，有无影响作业的废料、杂物，回收的支护材料是否已整齐存放在指定地点。

⑥试验回柱绞车是否正常和信号性能是否可靠。

（3）作业。

①架设单体液压支柱时的操作程序。清理和定柱位→挂梁→插水平销→背顶（接顶）→给支柱穿鞋→竖立支柱→用注液枪清理注液阀煤粉→将注液枪卡套卡紧注液阀→供液升柱。

②支护时必须两人配合作业。一人将支柱对号入座，支在实底或塑料鞋上，并手心向上抓好支柱手把，扳动注液手把升柱，注液枪插入阀嘴前，先用注液枪冲洗阀嘴，然后升柱；另一人查看顶板，扶好顶梁和水平销，防止水平销从顶梁缺口掉下砸人。

③柱子升紧前把顶梁调正，使之垂直煤壁并刹好顶。柱与柱要用绳拴好，

防止自动倒柱伤人。

④注液枪用完后应挂在支柱手把上，禁止将注液枪扔在底板上，禁止用注液枪砸三用阀，禁止注液枪高压管缠绕打结或被煤矸埋住。

⑤对超前支护达不到规定要求的，必须按作业规程要求及时补齐，加强规定范围内的巷道顶板支护。

⑥在超前支护 40 m 范围内，有断梁折柱的必须更换，有掉口构件不全的必须修理。

⑦打柱要到实底，单体支柱必须穿鞋，柱顶和顶梁要严密结合，要迎山有力。

⑧端头采用单体支护、采用人工回料时，首先要打好临时护身柱或替柱；其次，1 人操作，1 人监护顶板，并协助坚持先支后回，由下向上，由里向外的原则；最后将替柱回出。

⑨采用回柱机回料时，必须先将支柱卸载降到最低点，点开回柱机时，所有人员必须躲开绳路。

⑩在单体全部回收完毕后，要沿切顶线位置执行放顶。放顶时必须指定有经验的人员观察顶板，放顶人员必须站在支架完整无崩绳、崩柱、甩钩、断绳抽人等危险情况的安全地点工作。回柱放顶前，必须对放顶的安全工作进行全面检查，清理好退路。

⑪回柱放顶时要做到“三勤、两高”，即勤拴、勤拉、勤拣，回收率高、复用率高。

⑫在进行端头支护时，采用架设四对八根钢梁的操作程序：清理切口柱位→准备好支柱和背料→将移梁器挂在被移钢梁上→卸载降柱→移动梁体→背顶→补柱升紧。

⑬移动长钢梁要符合的规定。

◎至少要有 3 人协同操作。

◎正常情况下，必须保持一梁三柱，移输送机时可一梁二柱，移完输送机后必须及时补齐。

◎柱爪必须卡住梁牙。

◎支柱升紧后，必须拴好防倒绳。

◎支设工作完成后，必须对支柱进行二次注液。

（4）交班。

①将剩余的顶梁、背顶材料，失效和损坏的柱、梁等工具，分别运送到指

定地点。

②按要求保持安全出口通畅，高度不低于 1.8 m，宽度不小于 0.8 m。

③按规定进行交班，向接班人汇报本班情况并协助进行现场检查。

④履行交接手续，离开工作现场。

2. 滚筒采煤机司机操作规程

（1）上岗条件。

滚筒采煤机司机必须熟悉滚筒采煤机的性能、构造原理和操作规范，会维护和保养采煤机，懂得回采基本知识，经过培训考试合格，取得操作资格证后，方可持证上岗。

（2）操作顺序。

接班→检查巡视→处理存在问题→运转输送机→合隔离开关→供水→启动电动机→停止电动机→合离合器→启动采煤机→破煤→停机结束破煤→交班。

（3）接班。

①材料库须备齐扳手、钳子、螺丝刀、锤子等工具和截齿、销子、连接环等备用配件与齿轮油、抗磨液压油等。

②准时进入工作面，在机组位置交接班，询问交班司机上班设备运行情况、割煤情况、工作面地质变化情况和出现问题的处理情况等。

③作业前要全面检查煤壁、采高和顶底板变化，以及支护、切口准备和机道宽度等情况。

④对煤机进行运行前检查。

◎先检查采煤机隔离开关是否处于切断电源位置，再检查截齿是否齐全、紧固，各操作手把是否灵活可靠，各部油量是否符合规定，各种密封是否完好等情况。

◎检查齿轨连接、电缆及水管的完好情况，挡煤板导向管连接的完好情况。

◎检查电缆槽上有无大块矸石、电缆托卡、连接环有无脱销裂缝现象。

◎根据检查情况，对存在的问题及时与班组长协调处理。

（4）作业。

①解除工作面刮板输送机的闭锁，发出开动刮板输送机信号。

②打开进水截止阀门供水并喷雾，调节好供水流量。

③等待刮板输送机空转两分钟并正常后，合上采煤机的隔离开关，按启动

按钮启动电动机。电动机空转正常后，停止电动机，在电动机停转前的瞬间合上截割齿轮离合器。

④发出启动信号，按启动按钮，启动采煤机，并检查滚筒旋转方向及摇臂调高动作情况，将截割滚筒旋调到适当位置。

⑤采煤机空转 2 ～ 3 分钟并正常后，打开牵引闭锁，发出采煤机开动信号，然后缓慢加速牵引，开始破煤作业；选择适宜的牵引速度，操作采煤机正常运行。

⑥对液压油温有规定的采煤机，应在滚筒离合器脱开的状态下，不通冷却水，只开电动机，使油温升到规定值后，再正常启动采煤机。

⑦正常割煤时，主司机站在控制端位置，身体距机身 500 mm 左右，随机组运行而前移；副司机在距离前滚筒 5 m 外，观察顶板、煤壁情况，提前将支架前探梁收回 200 mm 左右，防止割煤时滚筒割到前探梁。

⑧割煤时要经常注意顶底板、煤层、煤质变化和刮板输送机载荷的情况，随时调整牵引速度与截割高度；严格控制采高，严禁采高大于支架最大支护高度；截割时要按直线割直煤壁。

⑨割煤时随时注意行走机构运行情况，采煤机前方有无人员或障碍物，有无大块煤、矸石或其他物件从采煤机下通过。若发现有不安全情况，应立即停止牵引和切割，并闭锁工作面刮板输送机。

⑩双滚筒采煤机采用斜切进刀方式，以下切口进刀为例，操作步骤如下。

◎开始：采煤机下行割透下切口后停机，推移刮板输送机距采煤机 10 m 时停止。

◎进刀：采煤机翻转挡煤板，将两个滚筒的上下位置调换，上行割煤至刮板输送机弯曲段以上 5 m 达到规定截深时停止。

◎推移输送机机头使刮板输送机成直线。

◎采煤机翻转挡煤板、调换前后滚筒上下位置，下行割三角煤，割透下切口。

◎再次翻转挡煤板，调换上下位置，上行割煤，同时按规定距离推移刮板输送机后支护。

⑪顶板破碎时的割煤。

◎顶板破碎时，应降低牵引速度，落前滚筒割底煤，升后滚筒割煤到采高 2/3 处。

◎追机及时移架支护顶板，再按正常程序割煤。

⑫工作面过断层或煤层出现石包影响割煤时，不准强行作业，应放炮震酥后，缓慢通过。

⑬预裂（或松动）爆破时，采煤机必须距爆破地点 5 m 以外，并严格执行有关保护措施。

⑭采煤机在运行中遇到下列情况时可直接按动采煤机紧急停止按钮，实现紧急停车。

◎顶底板、煤壁有冒顶、片帮或透水预兆。

◎采煤机负荷过大，电动机发生闷车现象。

◎采煤机内部发现异常震动、声响和异味，或零部件损坏。

◎采煤机上方刮板输送机上发现大块煤、矸、杂物或支护用品。

◎电缆拖移装置被卡住拉断或出电缆槽。

◎出现危及人身安全或其他事故。

◎瓦斯超限，瓦斯监视装置连续闪光并发生瓦斯报警。

◎牵引手把或“停止”操作按钮失灵。

◎供水装置无水或喷雾有故障。

◎工作面刮板输送机停止运转、挡煤板与溜槽错口较大或齿轨断裂，影响采煤机通过。

⑮正常停机的操作程序。

◎把牵引调速手把打回到“零”位，停止牵引采煤机。

◎将滚筒放到底板上，待滚筒内的煤炭排净后，用停止按钮停止电动机。

◎关闭进水截止阀。

◎断开离合器、隔离开关，关闭进水总截止阀，断开磁力启动器的隔离开关，切断电源。

◎正常停机时，不得采用紧急停机方法停止采煤机。

（5）交班。

①停机操作结束后，将采煤机身上的杂物清扫干净，整理好电缆、水管。

②等待接班人到达现场，汇报本班工作情况，协助接班人进行现场检查。

③发现问题立即协同处理，对遗留问题落实责任、向上汇报。

④按规定填写采煤机工作日志后方可离开工作面。

3. 煤矿综采队支架工操作规程

（1）一般规定。

①必须熟悉液压支架的性能、构造、原理和液压控制系统，掌握该操作规程，能够按完好标准维护保养液压支架，懂得顶板管理知识和工作面作业规程，经培训考试合格并持证上岗。

②在液压系统截止阀关闭状态下，严禁操作支架。

③支架应保持完好状态，否则不准操作支架。

④支架工要与采煤机司机密切合作，移架时如果支架与采煤机距离超过作业规程规定，应要求停开采煤机。

⑤掌握好支架的合理高度：最大支撑高度应小于支架设计最大高度的 100 mm，最小支撑高度应小于支架设计最小高度的 200 mm。当工作面采高不符合上述规定时，应采取措施后再移架。支架内各立柱机械加长杆伸出长度应基本一致，其活柱行程应保证支架不被“压死”。

⑥支架所用的阀组、立柱、千斤顶，一般不准在井下拆检，可整体更换。更换前尽可能将缸体缩到最短，接头处要及时装上防尘帽。

⑦通过支架的管线必须吊挂排列整齐，不得有砸、压、挤、埋和扭折现象，否则不准操作支架。

⑧备用的各种液压胶管、阀组、液压缸、管接头等必须用专用堵头堵塞，更换时用乳化液清洗干净。

⑨更换胶管和阀组液压件时，只准在“无压”状态下进行，不准将高压出口朝向任何人。

⑩严禁随意拆除和调整支架上的安全阀。

⑪支架工操作时要掌握八项操作要领：“快、匀、够、正、直、稳、严、净”，即各种操作要快；移架速度要均匀；移架步距要符合作业规程规定；支架位置要正，不咬架；各组支架要排成一条直线；支架、刮板机要平稳牢靠；顶梁与顶板接触要严密不留空隙；煤、矸、煤尘要清理干净。

（2）移架前的准备工作。

①应逐架检查支架的连接件、销轴是否齐全紧固，活柱缸体有无损伤变形，检查各阀类管接头、油缸的密封是否良好，液压系统有无漏液、窜液现象。

②检查推移千斤顶与前后刮板输送机的连接是否可靠，确认无问题后方可

移架。

③移架前要清理干净顶底板、架前及底座前、底座上的浮煤和障碍物。

④移架前要挂好定位线，坚持按线移架。

⑤移架前应及时提醒周围作业人员注意或躲避，以免发生意外。

⑥检查煤壁、顶底板和支架各部件及架内电缆、高压胶管等情况，发现问题及时处理。

⑦移端头支架前，必须清理架前、架间的浮煤杂物，必须露出推移千斤顶、巷道上下帮的单体支柱，并整理架前推移空间，管线吊挂整齐。

（3）移架时的注意事项。

①移架操作时，支架工应站在架箱底架上，面向煤壁操作，禁止脚蹬在底座前或推移千斤槽内。

②移架时，所移支架的前后方、下方不得有人作业或停留。

③进入两架间作业时，必须防止架间掉矸伤人。

④支架前移时，如果阻力过大，必须及时查找原因进行处理，严禁强拉、硬拉，以免损坏支架及刮板输送机。

⑤采煤机割煤后应及时移架即追机移架，移架距采煤机后滚筒应保持 2 ～ 3 架，若移架速度赶不上采煤机，可采用插花移架。如果顶板破碎，必须停机及时移架或超前移架以及时控制顶板。

⑥移架时，要慢降快移，支架可下降 150 ～ 200 mm，以移动支架为标准；在破碎顶板下必须带压擦顶移架。

⑦移架时应随时注意调整支架，保证支架不歪不斜，成一条直线，支架中心距保持在 1.5±0.1 m。

⑧移架过程中，如发现掉顶、抽条、严重片帮处必须及时刹顶，加强超前临时支护。在刹顶做临时支护前，刮板输送机、采煤机必须停电闭锁，并有专人监护。

⑨移架时还应随时注意，不要损伤支架胶管、采煤机电缆及水管等。

⑩移架的距离要达到一个步距，并保持前梁与煤壁有 200 ～ 318 mm 的距离，防止采煤机截割支架顶梁。

⑪端头支架不准落后或超前，要与工作面支架成一条直线。

⑫移端头支架时，要注意端头支架与转载机机尾、工作面刮板输送机机尾的搭接情况，以防顶卡增大移架阻力。遇到移架阻力过大时，不可强拉硬移，必须查明原因，处理好后方可移架。

⑬移工作面上出口支架时，必须注意刮板输送机的电机和减速器，防止支架推拉框架顶坏电动机和减速器。

（4）升架的注意事项。

①升架时，要注意侧护板的伸出情况，防升架时损坏侧护板，造成压架、爬架现象。

②升架时，当支架接顶后，操作手把应保持 2 ～ 3 秒再停止供液，使立柱达到足够的初撑力，支架与顶板接触要严密。

③升架时，要注意观察相邻支架，防止咬架，侧护板应及时伸出。

（5）推移刮板输送机的注意事项。

①推溜工作应在输送机运转状态下进行，输送机停机时严禁推溜，以防卡死刮板造成输送机启动困难。

②推溜时，要注意电缆槽下的水管及电缆，以防挤坏。

③推转载机时，支架工发出信号，转载机两侧人员必须撤到安全地点。转载机机头必须有专人看护，保证机头行走小车在铺设的轨道上行走，如有歪斜必须调正，使转载机机身保持一条直线。

（6）支架工须知。

①检查或更换液压元件，必须在停泵或关闭截止阀的情况下进行，并提前释放余压。

②支架工在溜子道内作业时，必须停电闭锁输送机，并与控制台司机联系好。

③在维修支架液压系统时，新换的胶管在连接前要彻底冲洗，保证新换液压胶管中没有铁屑等脏物，确保液压系统的清洁度，否则会给系统带来严重损害。

④要严格检查，确保液压系统的胶管接口处无漏液，胶管外部无损伤、暴皮、起泡等现象，出现此情况要立即进行更换。

⑤在维修更换液压胶管时，因液压系统中有不同型号、规格和压力的胶管，所以要用同型号、规格和压力的胶管，或高于该压力的同型号、规格的胶管代替，且不要漏装或将损伤的 O 形圈、挡圈装入。

⑥只能用正确的 U 形卡固定管接头，并牢固插紧，绝不能用铁钉、铁丝或其他物固定。

⑦紧邻运输机挡煤板或在挡煤板上方工作之前，必须采取防止冒顶或片帮的措施。

⑧维修液压系统管路时，要捆绑、理顺液压胶管，并且能够自由移动，不能挤压和过度拉伸液压胶管。

⑨出现已损坏的液压胶管及液压元件，应由专职人员立即更换。更换之前，必须将液压系统和更换元件内的压力卸压。

⑩维修更换控制阀与立柱及一些承受压力的液压缸（如前梁千斤顶、护帮千斤顶等）之间的液压管路及其元件时，必须先卸压。

⑪底板和顶板的推移空间内保持干净，这样才能不妨碍推移装置工作并顺利地推移运输机。

⑫移架后重新升架时，为了防止被前移的支架和邻架咬架、下滑、倾斜，要使用调架装置和侧护板尽快调直支架，并使顶梁底座和邻架的顶梁底座平行对齐。

⑬当煤层厚度减小时，确保立柱仍然有足够的剩余行程，以防立柱在顶底板之间被压死。

⑭在推移运输机之前，要确保液压支架立柱达到预定的初撑力，使支架在顶底板之间具有足够的锚固力。

⑮护帮板必须贴紧煤壁，以达到防止片帮的效果。液压支架前移时，必须把护帮完全收回，绝不能在伸出的护帮板顶住煤壁的情况下移架，否则会造成护帮板千斤顶和铰点处耳板严重损坏。

⑯操作时绝不能让身体的任何部位进入顶梁与顶板、底座与底板及两架侧护板之间，否则将造成伤亡。

⑰当支架顶梁前段冒顶孔穴过高时，绝不能在前梁处于较大的上摆角度时来升立柱，因这一状况时支架处于最恶劣的受力状态，很容易使支架损坏，解决的办法是：将顶梁前段架设木垛，使支架能够正常接顶，顺利通过空穴区。

⑱液压支架的采煤高度一般等于支架的最高高度减去 200 mm，其采煤最低高度等于支架的最低高度加上 400 mm。

⑲用下列方法保证支架在升降时所需的最小剩余行程。

◎采煤机保持合理的采高。

◎避免顶底堆积浮煤和矸石。

◎当更换立柱时，必须将顶梁支撑固定好，已与顶梁分离的立柱不要翻倒。

⑳要特别注意利用侧护板调架千斤顶及时调整支架位置，以免支架下滑倾倒，防止支架进入邻架顶梁下方，这样会造成严重损坏。

㉑底板条件不好时，液压支架的底座可能陷入底板。在这种情况下，支架前移时，可利用抬底千斤顶抬起底座，确保支架沿着煤层前移而不陷入底板。

㉒工作面液压支架要自下而上前移。

4．掘进机司机操作标准和行为规范（EBZ100 型）

（1）一般要求。

①司机必须经过培训，熟练掌握煤巷掘进机的结构、性能、基本原理，做到会使用、会维护、会保养、会处理一般性故障，经考试合格并取得合格证后，方可上岗操作。

②司机负责掘进机的操作及安全设施的维护保养工作。

（2）操作前的准备工作。

①检查工作面两帮及顶板支护情况。

②检查综掘机各部油位，照明是否完好符合要求。

③机械、电气、液压系统和安全保护装置应正常可靠，零部件应完整无缺，各部连接螺丝应齐全、牢固。

④检查各操纵手把和按钮应齐全、灵活、可靠。

⑤电器系统各连接装置的电缆卡子应齐全牢固，电缆吊挂整齐，无破损、挤压。

⑥检查液压管路、雾化系统管路的管接头应无破损、泄露，防护装置应齐全可靠。将所用延长的电缆、水管沿工作面准备好，悬吊整齐，拖拉在掘进机后方的电缆和水管长度不得超过 10 m。

⑦检查转载皮带架侧电缆固定是否牢靠，有无刮破损坏现象。

⑧转载胶带输送机应确保完好，托辊齐全。

⑨切割头截齿、齿座应完好，发现有掉齿或严重磨损不能使用时，必须断开掘进机电气控制回路开关，打开隔离开关，切断掘进机供电电源，并在顺槽开关箱上挂停电牌后再进行更换。

⑩装载爬爪、链轮要完好。刮板链垂度应合适，无断裂丢销现象，刮板齐全无损，应拧紧防松螺帽，防止刮板松动。转载机的胶带和接口无破裂，胶带松紧程度适当。

⑪履带、履带板、销轮、链轮保持完好，按规定调整好履带的松紧度。

⑫水雾化（喷雾）装置系统、冷却系统、照明应良好。水质、水压、流量应符合规定，喷水管路、喷嘴应畅通。

⑬以上检查无误后，戴好防尘口罩，通知其他人员撤离机组危险区，做好开机准备。

（3）开机和停机。

①将安装于掘进机机体上的急停按钮处于正常位置。

②将操作箱上的急停按钮弹出，处于正常位置。

③将电控箱上的操作手柄转到“接通”位置。

④先按信号按钮，警报鸣响5秒后，启动油泵电机。

⑤按照开动顺序按下相应的启动按钮和操作手柄，依次启动装载机、转载机及后配套运输设备。

⑥开启内外喷雾。

⑦按下信号按钮，在警报鸣响5～18秒后启动截割电机；当截割头运行后，警报鸣响自动停止。

⑧操作各部位操作手柄，严格按照作业规范规定的进刀截割图作业。

⑨按照作业规范要求进行切割工作，根据不同性质的煤岩，确定最佳的切割方式。

⑩岩石易破碎的，应在巷道断面的顶部开始掘进；断面为半煤岩的，应在煤岩结合处的煤层开始掘进。

⑪司机要按正确的截割循环方式操作，并注意以下事项。

◎掘进半煤岩巷道时，应先截割煤，后截割岩石，即按先软后硬的程序。

◎一般情况下，应从工作面的下部开始截割，首先切底掏槽。

◎切割必须考虑煤岩的层理，切割头应沿层理方向移动，不应横断层理。

◎切割全煤，应先四面刷帮，再破碎中间部分。

◎对于硬煤，采取自上而下的截割程序。

◎对较破碎的顶板，应采取留顶煤或截割断面周围的方法。

⑫截割过程中的注意事项。

◎岩石硬度大于掘进机切割能力时，应停止使用掘进机，并采取其他措施。

◎根据煤岩的软硬程度掌握好机器的推进速度，避免出现截割电机过载和压刮板输送机等现象，切割时应放下铲板。如果落煤量大而造成过载，司机必须立即停车，将掘进机退出，进行处理。严禁点动开车处理，以免烧毁电动机或损坏液压马达。

◎切割头必须在旋转状态下才能截割煤岩。切割头不许带负荷启动，推进速度不宜太快，禁止超负荷运转。

◎切割头在最低工作位置时，禁止将铲板抬起。截割部分与铲板间距不得小于 300 mm，严禁切割头与铲板相碰。截割煤岩时应防止截齿触网、触棚。

◎司机应经常注意清底及清理机体两侧的浮煤（岩），扫底时应一刀压一刀，以免出现硬坎，防止履带前进时越垫越高。

◎煤岩块度超过机器龙门的宽度和高度时，必须先破碎方可装运。

◎当油缸行至终止时，应立即放开手柄，避免溢流阀长时溢流，造成系统发热。

◎掘进机向前掏槽时，不准使截割臂处于左、右极限位置。

◎装载机、转载机及配套运输设备不准超负荷运转。

◎注意机械各部、减速器和电机声响及压力变化情况，压力表指示出现问题时应立即停机检查。

◎风量不足、除尘设施不齐全不准作业。

◎截割电机长期工作后，不要立即停冷却水，应等电机冷却数分钟后再关闭水路。

◎发现紧急情况，必须用紧急停止开关切断电源，查明事故原因，排除故障后才可继续开机。

⑬截割完毕后，按照与启动相反的顺序，按下相应的停止按钮并将各操作手柄打到零位，依次停止星轮、第一运输机、第二运输机。

⑭按下操作面板上的截割停止按钮，操作截割机构各手柄，将截割头落地。

⑮当急停时，可以通过按下操作箱上的急停按钮或掘进机非司机侧前端的急停按钮或掘进机非司机侧后端的急停按钮来实现。

（4）支护操作。

①顶板尺寸达到设计要求后，启动掘进机油泵电机，将装载星轮与支护系统的闭锁阀打到支护位置。

②配合操作摆动油缸和支撑油缸使护板伸到掘进机最前端且护板伸平，在护板上放好钢板网和 W 形钢带，操作伸缩油缸使护板升起。

③当接近顶板时，对钢带进行校正，再次升起伸缩油缸支护住顶板并达到油缸的初撑力。

④停止油泵电机，启动锚杆机油泵电机，开始支护作业。

⑤支护工作完成后，停止锚杆机油泵电机，操作伸缩油缸使护板降下，然

后配合操作摆动油缸和支撑油缸使护板回到原位。

（5）行为规范。

①掘进机司机必须专职，经过培训合格后持证作业，无关人员不得擅自开机。

②截割头不应带载启动。当截割头在煤岩壁里时，不允许启动截割电机，须先退出后再启动截割电机。

③截割头工作时，必须开启喷雾降尘冷却系统。

④机器前进或后退时，必须抬起铲板，收起后支撑。

⑤截割时必须确保履带板全部接地。在截割硬岩时，为减少机器振动，要使铲板及后支撑接地良好，增强稳定性，严禁用铲板及后支撑使履带在脱离底板的状态下进行切割。

⑥对大块的煤岩，须采用适当方法破碎后再进行装载。当大块煤岩卡住龙门时，须进行人工破碎，不能用刮板机强拉。

⑦机器在工作中若有异常的声响应立即停机，查明原因、排除故障后方可开机。

⑧液压系统、喷雾降尘系统的压力不允许随意调整，若需要调整须由专职人员进行。

⑨截割臂和超前支护油管采用 2 寸软胶管进行保护。

⑩锚杆机停机后，将油管盘好放在掘进机上面；油管不可拔下，防止污染油质；每次开机前应检查油温、油质。

⑪当油温超过 70℃时，须停机冷却，待油温降下后再开机。

⑫油缸行至终点时，应迅速放开操作手柄，以防溢流阀长期溢流造成系统发热。

⑬截割头工作时，若遇闷车现象，应立即停止切割电机的转动，以防切割电机长时间过载。

⑭遇有冒顶、片帮、透水、瓦斯突出等预兆时应立即停止作业，汇报有关部门，退出综掘机，切断电源。

⑮综掘机作业时，工作面迎头及综掘机两侧不准站人。当切割结束时，司机必须及时切断电源，其他人员必须在听到司机的指令后，方可越过掘进机进入工作面。

⑯当操作者离开司机位置、停机、检修以及交接班时，应将截割头落地，断开电源开关并闭锁。

⑰遇到下列任何一种情况时都不得开机。

◎截齿损坏 5 把以上。

◎喷雾冷却系统不能正常工作。

◎油箱油位低于油标指示范围。

◎切割机构、减速箱及其他重要连接部位的螺栓松动。

◎电气闭锁和防爆性能遭到破坏。

◎其他违背煤矿安全生产操作标准和行为规范的情况。

5．风镐操作标准

（1）一般要求。

①司机必须经过培训，熟练掌握风镐的结构、性能、基本原理，做到会使用、会维护、会保养、会处理一般性故障，经考试合格并取得合格证后，方可上岗操作。

②司机负责风镐的操作及安全设施的维护保养工作。

（2）作业前的准备工作。

①检查风镐的滤网是否堵塞。

②检查风镐的缸体与阀体间风道是否畅通无阻。

③工作前检查镐体及与钢套固定配合情况。

④检查进气管和气管接头连接处固定是否可靠。

⑤检查阻塞阀套内的阻塞阀是否灵活，有无被咬现象。

（3）施工作业。

①使用时装上镐钎，握住手柄向凿击方向慢慢施力，使风镐冲击速度逐渐提高。

②风镐正常使用时，每隔 2 ～ 3 小时加注润滑油一次。

③当镐尖卡在岩缝中时，不可猛力摇动风镐，以免缸体和连接套螺纹受损。

④工作时应检查镐体等部件配合情况，以防镐钎偏歪和卡死。

（4）行为规范。

①作业完毕后，将风镐竖直、牢固地置于安全场所，禁止平放于地面。

②停止使用的风镐，经拆洗后，涂防锈油，并装好，用木塞将缸体下端孔堵塞。

6．采煤工（单体支护工）操作标准

（1）作业前的准备。

①检查工作面支架顶梁前的控顶距离是否符合作业规范规定，对不符合规定处及时进行整改。

②检查工作面单体支柱有无弯曲、变形、缺爪或卸液现象，对不合格的单体支柱及时进行更换，对卸液支柱及时进行补液或更换三用阀。

③检查注液枪有无损坏、变形，是否缺少密封圈，发现问题应立即进行维修或更换。

④准备好工作期间使用的放液手把、钎子和半圆木等。

（2）支护操作及注意事项。

①当采煤机割煤后或煤壁片帮，拉过超前架后伸缩梁前剩余宽度在 340 ～ 1400 mm 时，打走向棚支护顶板，当走向棚不接顶或顶板破碎时，煤墙侧打单体支柱。

②工作面拉过超前架后伸缩梁前剩余宽度超过 1400 mm 时，先架设倾向棚支护顶板，倾向棚采用一梁两柱，柱距不小于 1.5 m，然后再架设走向棚，架设走向棚时煤墙侧打单体支柱支撑木梁，走向棚架设完后，将倾向棚的单体柱和木梁撤出。

③工作面发生冒顶时，冒顶高度小于 600 mm 时，每架使用两根圆木架设走向棚，圆木的一端担在顶梁上，在另一端下面打贴帮柱，架好走向棚后，再在两根圆木上绞木垛背顶；冒顶高度大于 600 mm 且区域较长时，使用圆木平行于工作面架倾向棚，圆木两端下面支设单体柱，再在圆木与支架顶梁上打木垛背顶。

④处理片帮或冒顶时，禁止动片移帮区域范围内的其他液压支架等支护设备，防止支架误动作。

⑤工作面在处理片帮或冒顶时，采煤机和刮板输送机必须停电闭锁。

⑥煤墙侧支设单体支柱时，单体支柱距刮板机宽度应能通过采煤机，当采煤机通过时需要替换单体支柱时，必须先加支后回柱。

⑦工作面在煤墙侧进行支护时，应至少 3 人一组，1 人进行观察顶板，另外 2 人进行顶板的维护工作。

⑧在工作期间如发现顶板大面积来压，煤壁有片帮或冒顶倾向时，应立即撤离到安全地点，待顶板稳定后再进行处理。

⑨支设的单体支柱应迎山有力，并达到作业规范规定的初撑力。

⑩支柱与底板面要接触，并且不准打在浮煤、浮矸上。

⑪单体支柱活柱行程最大不得超过 700 mm，最小应不低于 200 mm，当单体支柱的活柱行程不能满足要求时，必须及时更换相应高度的单体支柱。

⑫工作面在进行煤墙支护工作时，必须及时挑落掉顶板活矸或煤壁张裂的煤块，并且严禁空顶作业。

⑬工作面回柱时，要时刻观察顶板、煤帮等周围的安全情况，并保证退路畅通。回柱时要使用长柄工具进行放液。

⑭打木垛时木垛要接实顶板壁，升单体支柱时要平衡托起木垛。

⑮工作面在进行敲帮问顶时，操作人员要站在安全地点，用手镐或钎子等长柄工具由轻而重地敲打顶板或煤帮，如果听到空声，则表示顶板岩石或煤帮的煤块已经离层，有立即掉下来的危险，应立即用长柄工具撬下。

⑯在交接班时，必须把本班情况和遗留的问题交接清楚。

第六章

机电系统中的违章行为典型案例及操作规程

随着煤矿生产机械化程度的提高，机电设备在煤矿生产中的重要性日益突出。机电设备的操作不当或管理不当，往往会导致机电设备损坏，甚至引起瓦斯、煤尘爆炸，井下火灾等容易造成人身伤亡的重大恶性事故。因此，做好煤矿机电安全工作是确保煤矿安全生产极其重要的一环。

一、机电系统中经常出现的违章行为

机电系统包括的岗位有：大型设备维修钳工、翻车机司机、立井井筒装备维修工、大型设备电工、电气试验工、电气防爆检查工、给煤机司机、井下胶带输送机司机、井下管道工、井下钳工、井下电工、螺杆式空气压缩机司机、锅炉司炉工、提升机司机、小水泵司机、行车司机、主排水泵司机、主通机司机等。

机电系统中常见的违章行为如下所述。

（1）中性点直接接地的变压器直接向井下采掘区供电。

（2）供电设计无设计报告或不按设计施工。

（3）供电系统改动或临时“增容”等无设计及必要的计算，未经主管技术部门审批。

（4）防爆电气设备及影响矿井电气安全的主要零配件材料（如矿用电缆、阻燃皮带、风筒、电缆冷补胶，防爆电气开关中的隔离换向器、接触器、保护器、液压元件等）、未经专职防爆检查员查验“三证”，就入井使用。

（5）在井下使用失爆的防爆电气设备。

（6）在井下使用不符合 MT818 标准的非阻燃矿用电缆或不延燃型矿用电缆。

（7）电钳工不持证上岗。

（8）电工上岗操作无“三佩戴”、无操作证、无合格的验电笔、无停电牌。

（9）矿井综采供电电压已在 1140 V 及以上时，电工仍使用 500 V 及以下验电笔。

（10）在瓦斯浓度超过 1% 的地方使用各种非本安型仪表。

（11）无计划停电，尤其未经批准擅自停通风机、水泵等重要设备电源。

（12）带电作业。

（13）停电作业不拉隔离开关、加锁、挂停电牌，不按规定验电放电。

（14）“约时”停送电或“借光”作业，不设专人停、送电。

（15）在瓦斯突出及严重冲击地压区域停电检修时不停其前级开关。

（16）在瓦斯突出及严重冲击地压区域打开电气设备接线室等部件检查及开盖调试。

（17）带电搬迁电气设备及电缆。

（18）在有故障的供电线路强行送电。

（19）处理供电线路的短路、漏电等故障时，采用人为送电对电缆进行“手捋”查找，或人为送电使其“放炮”等方式进行查找处理。

（20）用摇表摇测线路后，不进行放电就开始作业。

（21）电气设备及矿用电缆安设前，不进行摇测绝缘和各种必要的检查与试验。

（22）机电设备检修后，不按规定进行试运转就正常开启。

（23）电气设备接线或检修后，不认真清除室内线头、杂物等善后处理工作就送电运行。

（24）在防爆电气设备腔内进行操作（或隔爆外壳盖），乱扔乱放，造成隔爆性能受损。

（25）隔爆外壳锈蚀严重不进行处理，或擅自在外壳表面钻眼影响其强度等，造成隔爆性能受损。

（26）采掘移动电气设备（含灯、铃、按钮等小型电气设备）不上架上板管理。

（27）机电设备（含小型电器）无标志牌，标志牌内容不全、模糊不清。

（28）非电工擅自操作电气设备。

（29）操作高压电气设备不按规定戴绝缘手套、穿绝缘靴、站在绝缘台上。

（30）127 V 手持式电钻绝缘护套损坏，仍继续使用。

（31）电钻电缆有故障不处理，继续进行打眼。

（32）放炮时不及时撤出打眼线，不及时对设备矿用电缆进行有效掩护。

（33）在有瓦斯突出危险及严重冲击地压区域放炮时不停电。

（34）在有瓦斯突出危险及严重冲击地压区域内的机电设备和重要配件，不进行牢固、合理的捆绑。

（35）电缆不采用钩子进行弹性吊挂，而采用塑料绳等吊挂或用钉子别挂。

（36）平巷电缆吊挂间距大于 3 m 或间隔不合格，电缆吊挂在风水管上。

（37）在有严重冲击地压区域内，电缆不用牢固的金属钩吊挂，电缆因过紧受力，没有适当弛度。

（38）电气设备及矿用电缆被水淋，不设“雨搭”“防水棚”等防淋设施。

（39）巷道翻棚等处施工时，不对机电设备、矿用电缆进行合理的防护。

（40）电缆落地被埋或泡在水中。

（41）采掘区的溜煤道内敷设电缆。

（42）电缆有冷包扎接头。

（43）电缆有“鸡爪子”“羊尾巴”等明接头。

（44）电缆接头的接线不采用压接，而采用捆接，影响电缆的导电和强度。

（45）电缆修补接头不在 24 小时内进行合格的冷浇注。

（46）电缆的接头数量和破损程度已不符合标准要求，仍继续使用。

（47）采区开采完毕后，电缆不全部及时升井进行修补。

（48）新安设的电缆及分接头不进行热补，而采用冷补。

（49）运行的电缆不按规定设置电缆标志牌或标牌内容不全、不清。

（50）采掘移动设备（如装岩机等）的电缆不进行合理的吊挂，无专人管理。

（51）电缆上悬挂其他物品，电缆与风、水、瓦斯管道交叉、挤碰，相互间无防护隔离设施。

（52）切除检漏继电器或漏电保护失灵，仍然送电运行。

（53）不按规定对检漏装置进行定期试验，试验记录不认真填写。

（54）不按规定由专人定期对漏电保护的补偿进行合理调试，补偿不起作用。

（55）不按规定由专人定期进行工作面的漏电模拟接地试验。

（56）甩掉电气设备的短路、过负荷保护或整定不合格。

（57）未经专门技术人员批准，擅自修改保护整定值。

（58）供电网路过电流保护的灵敏度系数不合乎要求，仍继续供电。

（59）用铜丝、铁丝或其他不易熔金属代替保险丝。

（60）不按规定定期对过电流继电器、保护插件、保护器等进行检修调试。

（61）值班电工不是每天对电气设备的保护接地系统进行一次外观检查。

（62）电气设备保护接地线缺失，接地线、接地螺栓等处锈蚀严重，不及时处理。

（63）不按规定定期对接地系统的接地电阻进行测试，不认真填写记录。

（64）接地极未按规定埋设，规格尺寸不合格，接地极浮放在地面。

（65）接地线不采用裸铜线或镀锌铁线，截面不合格。

（66）装有 3 台及以上电气设备的地点未设局部接地极。

（67）非电气工作人员在高压电气设备附近逗留或坐在高压电缆及接线盒上。

（68）供电电缆、高压铠装电缆弯曲半径过小，超过规定要求，电缆受拉、压作用，引起绝缘受损。

（69）高压电缆的连接不采用专用接线盒、硫化热外等合格方式进行连接。接线盒缺少外壳接地及连线，不灌沥青等。

（70）带式输送机、刮板输送机等无启动停止声光报警信号。

（71）带式输送机不设皮带综合保护，不具有低速打滑、跑偏等保护，缺少联动及闭锁功能。

（72）带式输送机头尾不设置灭火器、砂箱、消防水管、喷雾消尘等设施。

（73）带式输送机跑偏、缺托辊或挡煤板、刮煤机等附属装置不起作用，仍带病运行。

（74）带式输送机、刮板输送机等机械外露的传动部位不加装护栏及防护罩。

（75）机械设备检修［含换托滚（辊）等］时不停电。

（76）带式输送机、刮板输送机的头尾有积货影响运行，皮带下方拖“爬犁”。

（77）不停电清扫带式输送机、刮板输送机的头、尾积货孔，带式输送机和刮板输送机连轴节不实行弹性连接，而使用“死连接”。

（78）连轴节不使用易熔塞而用其他不易熔物代替堵死；用油代替难燃液水介质。

（79）带式输送机、刮板输送机减速箱内油质不合格，油量过少或过满，超过规定。

（80）皮带接头、刮板输送机链等破损超限，仍继续运行。

（81）斜巷运搬绞车道不设“一坡三挡”，或不合格、不起作用。

（82）运搬及慢速绞车不定期对钢丝绳进行检查，断丝或磨损超限、锈蚀严重，仍继续运行。

（83）运搬绞车压顶子、尾部固定等不符合要求仍继续运行。

（84）起吊重物前对绳扣、钢丝绳、起重吊挂设施等不进行检查或超负荷起吊，用其他物品代替绳扣。

（85）使用无防护罩、跑链等不完好的起重机作业。

（86）局部通风机不实行“三专两闭锁”或闭锁失灵。

（87）局部通风机风叶运行时刮帮、吸入口防护罩损坏。

（88）局部通风机不实行双风机、双电源和自动停换。

（89）局部通风机与控制开关（或按钮）距离超过 20 m，不设专人看管。

（90）综采工作面液压支架安装、拆除无安全措施及施工措施，作业无人监护或无人指挥。

（91）采煤机运行时不避开牵引链。

（92）采煤机前、后部缺少闭锁及急停按钮。

（93）工作面放炮及运输时，架前、架后不开喷雾，不供水或水压、水量不足。

（94）工作面进行架前连网、找帮护顶、下端头串兀型梁等作业时，不关闭工作面输送机及采煤机电源。

（95）安装、撤除工作面设备时，不设联系声光信号或每组间距大于 30 m。

（96）水冷电动机启动时不供冷却水，停机后 5 分钟不停冷却水。

（97）检修乳化泵、喷雾泵等压力容器及管路前不停气、泄压等就操作。

（98）综采工作面液压管外皮破损严重、不耐压，继续使用，连接处采用单卡子等不合格方式。

（99）在有架线地点卸大件、起吊重物或装卸金属网时，不切断架线电源。

（100）煤及岩石罐笼、煤仓无满仓报警信号及保护装置。

（101）井下用电灯泡取暖，使用电炉子。

（102）井下未经批准用电火焊。

（103）电焊机二次接线端子无防护罩、电焊把线绝缘不符合要求。

（104）井下巷道缺少足够的照明，综采工作面无照明或不采用专门支架灯。

（105）机电硐室入口处未悬挂“非工作人员禁止入内”“高压危险”等警示牌。

（106）机电硐室内有淋水、积水、油坑，采用易燃支护。

（107）油浸式设备的硐室无合格的防火门及防灭火设施。

（108）高压机电硐室无专人看管或挂牌加锁。

（109）各种油脂的存放无专用库房，油桶无标签。

（110）乱扔剩油、废油及棉纱、布头等。

（111）主、副井各种保护装置失灵。

（112）压风机冷却器超温、高低压超温、压风超温、超压不合格。

（113）井下油浸式矿用变压器油质不合格，油量不符合规定，未定期对油进行抽样检验。

（114）地面供电变压器两次侧无电气保护。

（115）地面供电设备防雷设置失效或不定期进行检查处理。

（116）不认真填写电气设备运行、检查、交接等记录，超前或滞后填写，记录保存期不符合规定。

（117）用湿手或金属物品扳动带电的电气开关。

（118）检修掘进机时，其他人员在截割臂和转载桥下方停留或作业。

（119）擅自拆卸防爆电气设备外壳上的紧固螺栓等造成失爆，对电气设备检修采用拆机修机。

二、典型案例及分析

1. 刮板机多次超负荷运行

案例：移变电缆接头爆炸事故

2009年12月6日，补连塔矿12404工作面由于刮板机多次超负荷运行，导致电缆接头烧坏，重新换过接头回归正常工作，此次事故影响生产3小时。

◎ 事故经过

2009年12月6日，补连塔矿12404工作面早班接班后正常生产。12时停机检修，17时40分开机，控制台电工陈某突然听到移变有异响，立即汇报给跟班队长范某，并检查发现移变低压侧供刮板机电源电缆接头爆炸。此时，煤机从机尾向机头方向割至120号架，范某立即组织拆卸电缆接头。从拆卸下的电缆接头分析，绝缘树脂已化，但接头处未发现放电以及烧痕，检查发现转载机电流接头存在同样的问题，同时重新做了接头，于21时40分处理完毕。此次事故共计影响生产3小时。

◎ 事故原因

（1）煤量较大、煤壁侧片帮严重，出现大块拥堵现象，导致刮板机多次超负荷运行，从而使电缆温度较高，导致绝缘树脂熔化，绝缘下降。这是造成事故的主要原因。

（2）在停机期间，支架工调整工作面，收打护帮板时，大量片帮煤落下，导致刮板机压货增加，是造成事故的又一原因。

◎ **防范措施**

（1）在生产任务较重的情况下，不要盲目追求产量，导致设备超负荷运行，造成设备损坏。

（2）设备维修、保养要到位；要勤于检查，及时发现问题，特别是对开关的接线腔以及各接头进行认真检查，及时将设备故障消灭在萌芽状态。

2. 没有进行安全检查就贸然启动胶带机

案例：顺槽胶带机张紧绞车事故

2009 年 7 月 2 日，补连塔矿 31403 工作面在正常生产过程中忽略了皮带机存在的安全隐患，多次启车，导致支架严重变形，影响工作 8 小时 30 分。

◎ **事故经过**

2009 年 7 月 2 日 23 时 30 分，补连塔矿 31403 工作面在正常生产过程中，顺槽皮带打滑，皮带机司机立即停止皮带进行检查。二次启车后，皮带转速达到正常转速的 30% 时，皮带突然停车。经检查发现，张紧钢丝绳断裂，张紧绞车固定滑轮机构从焊接口处拉开，固定支架严重变形。于是立即进行处理，7 月 3 日 8 时正常开机生产。此次事故累计影响时间 8 小时 30 分。

◎ **事故原因**

（1）使用单位在胶带机打滑急停后，对设备存在的隐患没有及时发现，使设备带病运行，贸然启车是造成事故的主要原因。

（2）张紧绞车机架滑轮组固定架焊缝处有疲劳裂纹，导致机架强度降低是造成事故的另一原因。

（3）事故处理过程中，张紧绞车机架与基础预埋螺栓不匹配，试运转过程中由于张紧电机振动较大，对张紧电机对轮进行了调平找正，是造成事故处理时间长的原因。

◎ **防范措施**

（1）胶带机发生故障后，要对现场进行详细检查，对故障原因进行认真分析，杜绝未查明故障原因再次启车。

（2）对皮带的关键结构件要定期检查，发现隐患及时处理，避免同类事故的发生。

（3）建议维修中心对返厂设备的关键焊接部位进行探伤，必要时进行焊接加固。

3. 没有定时对转载机进行保养，机器疲劳运行

案例：综采工作面转载机对轮损坏事故

2009年12月20日，由于不注意对电机进行定期检查、保修，导致机器损坏，影响生产6小时。

◎ **事故经过**

2009年12月20日14时，综采工作面准备停机检修时，三机检修工发现转载机驱动部响声异常，立即停机检查，发现转载机驱动电机与液力耦合器连接对轮损坏。于是立即组织更换驱动电机（带对轮）。16时30分，紧急组装的带对轮电机运到工作面，20时安装到位运行正常。此次事故共计影响生产6小时。

◎ **事故原因**

（1）转载机电机与液力耦合器连接对轮键槽处有疲劳裂纹，三机检修工在日常检修未及时发现，是事故发生的主要原因。

（2）由于电机轴与对轮现场安装难度较大，在维修中心组装电机和对轮，是事故影响时间长的原因。

◎ **防范措施**

（1）要做好设备现场维护工作，特别是对旋转部位建立相应的防范措施。

（2）检修人员要加强责任心，加强设备的日常检修维护，严禁设备带病运行，发现问题及时处理。

（3）设备升井大修时，维修中心必须对轴套进行探伤，避免设备带病运行。

4. 隔离开关性能下降，变压器绝缘老化

案例：综采工作面采煤机电气事故

2009年6月15日，榆家梁矿45207综采工作面生产过程中，由于机器使用时间过长，整体性能下降，加之平时维修工作做得不到位，致使机器出现故障，影响生产长达27小时。

◎ **事故经过**

2009年6月15日中班，综采工作面生产过程中，采煤机显示漏电，经跟班电工检查，判断为采煤机隔离开关损坏。矿调度室通知设备管理中心后，运

行管理员同维修二部检修人员带着隔离开关到现场抢修。打开采煤机电控箱拆卸隔离开关后，发现由于拉弧产生的高温将固定隔离开关的两条螺栓氧化（共4条），难以拆卸，于是决定先短接隔离开关维持生产，再利用预防检修时间处理。恢复送电试验时，发现控制煤机的开关显示漏电，进一步检查发现采煤机主变压器接地，于是立即组织进行更换。16日3时30分，生产恢复。此次事故共影响时间长达27小时。

◎ **事故原因**

（1）该采煤机大修时，对采煤机隔离开关、主变压器测试正常，未进行更换。由于隔离开关停送电频繁，性能下降，在停送电过程产生拉弧现象，同时变压器绝缘老化，过电压将采煤机主变压器绝缘击穿，是故障发生的主要原因。

（2）由于区队人员调动，采煤机检修第一次使用艾柯夫采煤机，加之使用前培训时间较短，检修工对艾柯夫采煤机结构性能不够熟悉，对隔离开关的检查维护不到位，是故障发生的次要原因。

（3）拉弧产生的高温将两条固定隔离开关的螺栓氧化，难以拆卸；而且艾柯夫采煤机电控系统复杂，隔离开关又在电控箱的最里边，需拆卸、安装的电器元件多，是故障处理时间长的原因。

◎ **防范措施**

（1）要严格按照煤矿安全规程规定对电气设备和电缆的绝缘定期测试并做好记录，对长臂采煤机和连续采煤机的电控箱要每月进行一次开盖检查。

（2）对于设备过煤量大、操作频繁的部件，应考虑其使用次数及使用寿命（如隔离开关），维修中心大（项）修时要及时更换。

（3）应加强对新设备及未使用过的设备的培训，严把培训质量关，相关人员应熟悉设备的结构性能，加强对设备的检查维护。

5．没有严格按照《设备大修管理办法》维修机器，验收把关不严格

案例：石圪台矿71206工作面支架事故

2008年4月18日，在石圪台矿71206工作面上，由于验收时机器质量不合格，严重影响了工作进程。

◎ **事故经过**

石圪台矿71206工作面长300 m，配套JOY5.5 m液压支架176架（大修

149 架，项修 27 架）。其中 114 架为补连塔矿 31401 工作面 2007 年 12 月 27 日回撤第十四套液压支架，过煤量 194.4 kt；62 架为保德 88303 工作面 3 月 1 日回撤第十五套液压支架，过煤量 191.9 kt。

其中第十四套支架于 1 月 20 日陆续进厂大修，由于支架前、后连杆损坏严重，造成了外委修复量较大，导致大修进度慢，截至 4 月 5 日仅完成 57 架的维修；第十五套支架于 3 月 1 日回撤，陆续进厂维修。按照生产接续计划，要求该套支架于 4 月 10 日全部出厂。

2008 年 4 月 18 日，工作面验收时，石圪台矿 71206 工作面发现 22 架侧护板存在问题，主要原因是缺少部分固定销子或固定销子安装不合格、缺连接耳子。当日夜班，维修中心对支架存在的问题进行了处理，4 月 19 日早 8 时处理完毕。

经过核实，维修中心在支架大修时，按照公司动力部下发的《关于侧护板安全改进的通知》的要求，对所有支架固定侧护板进行了焊接固定。

◎ **事故原因**

（1）维修中心三部没有严格按照《设备大修管理办法》执行，没有严格按照大修工艺标准进行维修，在侧护板上使用了长度不同的固定销子，同时部分固定销子安装不合格，是造成部分支架不完好的主要原因。

（2）从维修中心竣工验收记录上看，记录中未发现缺侧护板固定销子或固定销子安装不合格现象，属于验收把关不严。

（3）设备出厂验收时，相关人员发现部分销子有不合格现象，但由于安装工期紧张，没有严格按照设备大修出厂标准执行验收，重视安装时间而忽略维修细节。

◎ **防范措施**

（1）维修中心在大修过程中要严格按照大修工艺标准进行维修，严格执行《设备大修管理办法》。

（2）维修中心加强竣工验收；设备出厂验收时，相关人员严格按照《出厂验收标准》执行，并做好详细记录。

三、正确操作规程

1. 电气焊工操作标准和行为规范

（1）一般要求。

①焊工必须经过培训，熟练掌握电焊机、氧气、乙炔和焊炬的结构、性能、基本原理，做到会使用、会维护、会保养、会处理一般性故障；经考试合格并取得合格证后，方可上岗操作。

②焊工负责电焊机、氧气、乙炔带（表）和焊炬的日常安全维护保养工作。

（2）焊接前的检查。

①工作前要穿戴好劳保用品。

②焊接工作进行前，先检查环境有无易燃物，工作结束后要将余火扑灭。

③焊接工作进行时，不得将焊件压在电线或胶管上。

④焊接操作必须采取防止触电、高空坠落、瓦斯中毒、火灾等事故的安全措施。

⑤现场使用的电焊机，应设有防雨、防潮、防晒的机棚，并应配备相应的消防器材。

⑥焊接现场10 m范围内，不得堆放油类、木材、氧气瓶、乙炔发生器等易燃、易爆物品。

⑦使用前，应检查并确认初、次级线接线正确，输入电压符合电焊机的铭牌规定。接通电源后，严禁接触初级线路的带电部分。初、次级接线处必须装有防护罩。

⑧次级抽头连接铜板应压紧，接线柱应有垫圈。合闸前，应详细检查接线螺帽、螺栓及其他部件并确认完好齐全、无松动或损坏。确认接线柱处均有保护罩。

（3）焊接。

①检查所有连线是否正确、可靠。

②检查电源线、焊接电缆的绝缘是否完好，如有破损，必须用绝缘带包扎完好或更换绝缘良好的导线。

③检查工件上需焊接处是否有严重腐蚀、大量油漆或其他影响焊接质量的附着物，如果有，应尽量清除干净，以免影响焊接质量。

④打开配电箱（板）上的电源开关。

⑤打开焊机上的电源开关（对于可使用 380 V 和 220 V 两种电压的小型焊机，必须注意开关指向要与电源电压一致），风扇转动。

⑥转动电流调节手轮（柄），根据焊接规范要求，把前面板上电流指示指针调到相应的位置（这时的电流指示值仅供参考）。

⑦在与工件材料相同的试件上试焊，根据试焊情况，把焊接电流调到最佳值。

⑧实施焊接作业。

⑨焊接作业完毕（或需暂停焊接离开现场），切断焊机上的电源，切断配电箱（板）上的电源。

（4）焊割炬。

①通透焊嘴应用铜丝或竹签，禁止用铁丝。

②使用前检查焊炬或割炬的射吸能力。

③根据工件的厚度，选择适当的焊炬、割炬及焊嘴、割嘴，避免使用焊炬切割较厚的金属，应用小割嘴切割厚金属。

④焊、割炬射吸检查正常后，进行接头连接时必须与氧气橡皮管连接牢固，乙炔进气接头与乙炔橡皮管不应连接太紧，以不漏气并容易接插为宜。不准 使用老化或回火时烧损的皮管。

⑤工作地点要有充足的清洁水，供冷却焊嘴用。当焊炬（或割炬）由于强烈加热而发出“噼啪”的炸鸣声时，必须立即关闭乙炔供气阀门，并将焊炬（或割炬）放入水中进行冷却。注意最好不关氧气阀。

⑥短时间休息时，必须把焊炬（或割炬）的阀门闭紧，不准将焊炬放在地上。较长时间休息或离开工作地点时，必须熄灭焊炬，关闭气瓶球形阀，除去减压器的压力，放出管中余气，并停止供水，然后收拾软管和工具。

⑦焊炬（或割炬）点燃操作程序。

◎点火前，急速开启焊炬（或割炬）阀门，用氧吹风，以检查喷嘴的出口，但不要对准脸部试风，无风时不得使用。

◎进入容器内焊接时，点火和熄火都应在容器外进行。

◎对于射吸式焊炬（或割炬），点火时应先微微开启焊炬（或割炬）上的乙炔阀，然后送到灯芯或火柴上点燃，当发现冒黑烟时，立即打开氧气手轮调节火焰，若发现焊炬（或割炬）不正常，点火并开始送氧后一旦发生回火，必须立即关闭氧气，防止回火爆炸或点火时鸣爆现象。

◎使用乙炔切割机时，应先放乙炔气，再放氧气引火。

◎使用氢气切割机时，应先放氢气，再放氧气引火。

⑧熄灭火焰时，焊炬应先关乙炔阀，再关氧气阀。割炬应先关切割氧，再关乙炔和预热氧气阀门。当回火发生时，若胶管或回火防止器上出现喷火，应迅速关闭焊炬上的氧气阀和乙炔阀，再关上一级氧气阀和乙炔阀，然后采取灭火措施。

⑨乙炔、氢气并用时，先放出乙炔气，再放出氢气，最后放出氧气，再点燃。熄灭时，先关氧气，后关氢气，最后关乙炔。

⑩操作焊炬和割炬时，不准将橡胶软管背在背上操作。禁止使用焊炬（或割炬）的火焰照明。

⑪使用过程中，如果发现气体通路或阀门有漏气现象，应立即停止工作，消除漏气现象后才能继续使用。

⑫气源管路通过人行通道时，应加罩盖，注意与电气线路保持安全距离。

⑬气焊（割）场地必须通风良好，容器内焊（割）时应采用机械通风。

（5）行为规范。

①多台电焊机集中使用时，应分接在三相电源网络上，使三相负载平衡。多台焊机的接地装置，应分别由接地极处引接，不得串联。

②移动电焊机时，应切断电源，不得用拖拉电缆的方法移动焊机。当焊接中突然停电时，应立即切断电源。

③严禁在运行中的压力管道、装有易燃易爆物的容器和受力构件上进行焊接。

④焊接铜、铝、锌、锡、铅等有色金属时，必须在通风良好的地方进行，焊接人员应戴防毒面具或呼吸滤清器。

⑤在容器内施焊时，必须采取以下措施：容器上必须有进、出风口，并设置通风设备；容器内的照明电压不得超过 12 V，焊接时必须有人在场监护。严禁在已喷涂过油漆或胶料的容器内焊接。

⑥焊接预热件时，应设挡板隔离预热焊件发出的辐射热。

⑦高空焊接时，必须系好安全带，焊件周围和下方应采取防火措施并有专人监护。

⑧电焊线通过道路时，必须架高或穿入防护管内埋设在地下，如通过轨道时，必须从轨道下面穿过。

⑨接地线及手把线都不得搭在易燃、易爆和带有热源的物品上，接地线不

得接在管道、机床设备和建筑物金属构架或铁轨上，绝缘应良好，机壳接地电阻不大于 4 Ω。

⑩雨天不得露天电焊。在潮湿地带工作时，操作人员应站在铺有绝缘物品的地方并穿好绝缘鞋。

⑪长期停用的电焊机，使用时，须用摇表检查其绝缘电阻不得低于 0.5 MΩ，接线部分不得有腐蚀和受潮现象。

⑫电焊钳应有良好的绝缘和隔热能力。电焊钳握柄必须绝缘良好，握柄与导线连接应牢靠，接触良好，连接处应采用绝缘布包好并不得外露。操作人员不得用胳膊夹持电焊钳。

⑬清除焊缝焊渣时，应戴防护眼镜，头部应避开焊渣飞溅方向。

⑭在负荷运行中，焊接人员应经常检查电焊机的温度，如果 A 级超过 60℃，B 级超过 80℃时，必须停止运转并降温。

⑮气焊工作地点、氧气瓶、发生器三者之间距离要在 5 m 以上；氧气瓶、乙炔瓶要距明火 10 m 以上；氧气瓶、乙炔瓶不准放在通道上，放置地点的温度不可超过 38℃；氧气瓶、乙炔瓶附近不可有油脂及其他易燃物，瓶上下不得有电线。

⑯氧气、乙炔胶管两端必须用卡子卡牢，不准用铁丝或绳子代替卡子。

⑰胶管禁止横穿马路，必须横穿时应给予妥善防护，胶管不准靠近火源。

⑱氧气胶管和乙炔胶管要严格分开，不能互换使用。

⑲焊接器或熔切器点火时，应先开乙炔阀，后开氧气阀；熄火时，先关氧气阀，后关乙炔阀。

⑳不准将正在燃烧的焊接器放下离开岗位，必须离开时，先熄灭火。

㉑氧气瓶、乙炔瓶、焊接器、熔切器、胶管及焊器上都不准附有油性物质。

㉒要爱护氧气表、乙炔表。

㉓作业结束后，必须将氧气瓶、乙炔瓶上的开关关牢；清理场地、灭尽火种、消除焊件余热后，切断电源，方可下班。

2．电缆修理工操作标准和行为规范

（1）电缆修理工必须遵守各种规章制度和劳动纪律。

（2）电缆修理工必须持合格证上岗，无证不得上岗工作。

（3）电缆修理工负责对橡套电缆的修理、干燥、耐压试验及领取、发放、保管、回收登记等工作。

（4）准备材料、工具、试验用具及测量仪表。

（5）检查热补模具，试送电源，计划本班的工作量，找出需要修补的电缆。

（6）检修升井维修的电缆时，用仪表或测试台找出故障点并标出故障点部位。

（7）需修补的电缆，凡是断线或芯线铜丝折断15%以上时，必须用冷压方法重新连接芯线，除掉压接管的“飞边”，进行绝缘处理和硫化热补。

（8）护套破损的电缆，除进行硫化热补修补外，也可用冷补工艺进行修复。电缆护套修补必须用不延燃材料。

（9）修补屏蔽橡套电缆时，必须处理好半导体屏蔽层或金属网屏蔽层，以保证屏蔽层的作用。

（10）凡修补过的屏蔽层必须测试。如果有中断的屏蔽层，必须查找断开点，重新修补。

（11）芯线接头的电缆修补后必须做加载试验。如果修补处温度超过规定值，必须重新修补。

（12）修补过的电缆升井后必须进行耐压试验。如果冷补处的温度超过规定值，必须重新修补和试验。下采掘工作面使用的电缆撤回升井后，必须进行检查、干燥处理，经耐压试验合格后，方可发放使用，没有经过检查的电缆不许下井使用。

（13）电缆修补、试验合格后，必须进行长度测量，对长度有变化的电缆，要重新压号，并更改账卡和图板上的数据。

（14）电缆修补试验合格后，填写试验单，由电缆管理组签发合格证，入库储存待用。

（15）进班前对工作场所进行清扫，清除杂物，保持工作场所的清洁卫生。

3．矿井安装电工操作标准和行为规范

（1）一般规定。

①矿井安装电工必须持合格证上岗，无证不得上岗工作。

②矿井安装电工必须掌握《煤矿安全规范》《煤矿机电设备完好标准》《煤矿机电设备检修质量标准》《电气设备防爆规范》的有关规定。

③矿井安装电工必须遵守各种规章制度和劳动纪律。

（2）作业前的准备。

①施工前应熟悉图纸资料、安装质量标准及安全技术措施。

②检测、核对安装的设备、电缆、技术参数及安装时所用材料。各种技术数据及技术要求必须与设计相符。

③检查安装、运输的现场环境，清除安装地点的障碍和杂物，了解工作场所的安全状况及相关工作环节。

（3）操作标准及行为规范。

①安装设备必须达到的要求。

◎安装的设备必须按照试验规范中规定的试验项目做各种试验，试验合格后方准使用。

◎低压电缆必须测试绝缘，高压电缆必须做直流耐压和泄漏试验，试验合格后方准使用。

◎入井安装的设备必须有入井合格证。

②在井下使用普通型电工测量仪表时，所在地点必须由瓦斯检测人员检测瓦斯，瓦斯浓度在1%以上时不允许使用。

③在立井井筒和距井口3 m以内高空作业时，必须戴安全帽和保险系安全带。随身工具应有防脱落措施，以防坠落伤人。

④井下安装如需进行电焊、气焊和喷灯焊接时，必须制订安全措施，按规定报批后实施。

⑤设备装车运输时必须牢固可靠。对小型贵重设备、仪表易损零部件采取保护措施后，再进行搬运。

⑥施工所用的起重工具，必须进行详细检查，确认完好无损后，方可使用。

⑦多人徒手搬运设备时，应由专人统一指挥，统一口令，以防设备倾倒伤人，撞损设备。

⑧井下起重设备时，要检查支架棚子，正式起吊前应进行试吊。被吊物上严禁站人，吊起的重物下严禁行人。

⑨安装施工时必须严格遵守停送电作业制度。从事高压作业时，必须按停电、验电、放电、封线、挂停电标志牌等顺序工作。

⑩安装防爆设备时，要保护防爆面，不准用设备做工作台，以免损坏设备。

⑪安装后的检查。

◎各类电气设备的安装必须符合设计要求，设备安装垂直度、电缆敷设、接线工艺应符合安装质量标准。

◎检查连接装置，各部螺栓、防松弹簧垫圈应齐全紧固。

◎电气间隙、爬电距离、防爆间隙及接地装置应符合标准。

⑫试运转。

◎安装设备的手动部件动作灵活，开关的触头闭合严密。

◎按设计值整定继电保护装置。

◎井下必须检查瓦斯浓度，瓦斯浓度在1%以下时方可进行试送电。送电时必须严格执行停送电制度。工作面停电挂牌，遵守谁挂牌谁摘牌的原则。由组长统一指挥派专人送电。

◎完成上述工作后，由组长与司机、维护人员及有关领导一起进行设备试运转。

⑬设备经有关人员检查验收，交付使用单位，并做好工作记录。

⑭清理场地、工具、材料、仪表、仪器，试运转正常后撤离现场。

4．矿井维修电工操作标准和行为规范

（1）一般规定。

①井下维修电工必须持证上岗，无证不得上岗进行电气维护操作。

②井下维修电工必须熟知《煤矿安全规范》《煤矿机电设备完好标准》《煤矿机电设备检修质量标准》和电气设备防爆的有关标准和规定。

③井下维修电工应熟悉矿井巷道布置，了解作业地点的瓦斯浓度，熟悉在灾害情况下的停电顺序及人员撤离路线。

（2）作业前的准备。

①高压电气停送电操作前，必须填写工作票。

②井下电气维修工入井前，检查、清点应带的工具、仪表、零部件、材料，检查验电笔是否保持良好状态，与工作电压是否相适应。

③必须熟悉所维修范围内的供电系统、电气设备和电缆线路的主要技术特征以及电缆的分布情况。

④供电干线需停电检修时，事先必须将停送电时间及影响范围通知有关区队，以便有关单位采取措施。

（3）操作标准及行为规范。

①在井下电气设备上工作，严禁带电作业。井下电气设备在检查、修理、搬移时，应由两人协同工作，相互监护。检修前必须先切断电源，经检验确认已停电后再放电（采区变电所的电气设备及供电电缆的放电，只能在硐室内、瓦斯浓度1%以下时才准进行），悬挂地线，操作手把上挂“有人工作，禁止合闸”警告牌后，才允许触及电气设备。

②操作井下电气设备必须遵守的规定。

◎井下中央变电所、有值班员值班的采区变电所的高压开关设备操作，必须由值班员根据电气工作票、倒闸操作票进行停送电操作。单人值班的由维修工监护；无人值班的采区变电所，或配电点，或移动变电站的操作，由检修负责人安排熟悉供电系统的专人操作，由检修负责人监护。

◎操作高压电气设备时，操作人员必须戴绝缘手套、穿高压绝缘靴或站在绝缘台上操作。操作千伏级电气设备主回路时，操作人员必须戴绝缘手套或穿绝缘靴或站在绝缘台上操作。127 V 手持电气设备的操作手柄和工作中必须接触的部分应有良好的绝缘。

③井下电气维修工工作期间，应佩带电工常用工具及与电压等级相符的验电笔。

④维修电工对维修职责范围内设备的维修质量应达到《煤矿矿井机电设备完好标准》的要求，高低压电缆的悬挂应符合有关电缆悬挂的要求。设备检修或更换零部件后，应达到原有性能。电缆接线盒的制作及连接应符合有关工艺要求。

⑤运行中馈电开关的短路、过负荷、漏电保护应保持完整，整定值正确，动作可靠。

⑥移动变电站的安装、运行、维修和管理必须按照原煤炭部《煤矿井下1140 伏电气设备安全技术和运行的暂行规定》的要求执行，其漏电保护主、辅接地极的安装、维护必须符合要求。

⑦各类晶体管电机综合保护器、线路脱扣器按产品技术要求和负载的有关参数正确整定和定期校验。

⑧电流互感器二次回路不得开路，二次侧接地线不准断路。在电压互感器二次回路进行通电试验时，应采取措施防止由二次向一次反送电。

⑨在检查和维修过程中，发现电气设备失爆时，应立即停电进行处理。对在现场无法恢复的防爆设备，必须停止运行，并向有关领导汇报。

⑩电气设备检修中，不得改变原有端子序号、接线方式，不得甩掉原有的保护装置，整定值不得任意修改。

⑪检漏继电器跳闸后，应查明跳闸原因和故障性质，及时排除后才能送电；禁止在甩掉检漏继电器的情况下，对供电系统强行送电。

⑫电气设备的局部接地螺栓与接地引线的连接必须接触可靠，不准有锈蚀。连接的螺母、垫片应镀有防锈层，并有防松垫圈加以紧固。局部接地极和

接地引线的截面尺寸、材质均应符合有关规范细则的规定。

⑬铠装电缆芯线连接必须采用冷压连接方式，禁止采用绑扎方式。

⑭连接屏蔽电缆时，其半导体屏蔽层应先用三氯乙稀清洗剂（阻燃清洗剂）将导电裸粒洗干净。对于金属屏蔽层，不允许金属丝刺破芯线绝缘层。屏蔽层剥离长度应大于国家标准规定的耐泄痕性d级绝缘的最小爬电距离的2倍。

⑮使用 ZC-18 型测量仪测量接地电阻时的操作程序。

◎接直线距被测接地极 E’20 m 和 40 m 处分别埋入电位探测针 P’ 和电流探测针 C’。

◎用导线将 E’、P’、C’ 分别与摇表相应的 E、P、C 连接。

◎仪表水平放置，调零位调节器使检流计指针指在黑线上。

◎将倍率标度盘调至乘 10 挡，慢慢转动发电机手把，同时转动测量标度盘，使检流计指针指在黑线上。

◎当检流计指针平衡时，加快发电机手把转速至 120 转 / 分以上，调整测量标度使指针指黑线上。

◎当测量标度盘读数小于 1 时，将倍率标度置于乘 1 挡，再重新调测量标度盘。

◎标度盘读数乘以倍率即为所接地电阻值。

⑯井下使用普通型仪表进行测量时应严格执行以下规定。

◎普通型携带式电气测量仪表，只准在瓦斯浓度 1%以下的地方使用。

◎在测定设备或电缆绝缘电阻后，必须将导体完全放电。

◎被测设备中有电子插件时，在测量绝缘电阻之前，必须拔下电子插件。

⑰凡有可能反送电的开关必须加锁，开关上悬挂“小心反电”警告牌，并按要求进行反送电。

⑱在同一馈电开关必须控制的系统中有两个及以上多点同时作业时，要分别悬挂“有人工作、严禁送电”的标志牌，并应有一个总负责人联络、协调各相关环节的工作进度。工作结束后、恢复送电前，必须由专人逐点检查，全部完工并各自摘掉停电标志牌后，方可送电。严禁约时送电。

⑲当发现有人触电时，迅速切断电源或使触电者脱离带电体，然后就地进行人工呼吸抢救，同时向调度室汇报。触电者未完全恢复、医生未到之前，不得中断抢救。

⑳当发现电器设备或电缆着火时，必须迅速切断电源，立即使用电器灭火器或沙子灭火，并及时向调度室汇报。

㉑工作完毕后，工作负责人对检修工作进行检查验收，拆除临时接地线、摘掉停电牌、清点工具，恢复正常供电，并对检修设备进行试运转。

㉒每班工作结束后，必须向有关领导汇报工作情况，并认真填写检查维修记录。

5．摇臂钻床的操作规程

（1）一般要求。

①司机必须经过培训，熟练掌握摇臂钻床的结构、性能、基本原理，做到会使用、会维修、会保养、会处理一般性故障，经考试合格并取得合格证后，方可上岗操作。

②司机负责摇臂钻床的操作及安全设施的维护保养工作。

（2）开机前的检查。

①工作前要穿戴好劳保用品。

②设备处于完好状态。

③检查切削用的钻头和备用钻头，检查钻头在机床主轴上固定的可靠性。

④检查行程开关、保险离合器等的标准动作的可靠性。

⑤按机床上润滑标牌的规定，对机床各部位注油润滑。

（3）钻削作业。

①根据被加工材质及钻头直径，遵照机床面板上表格中内容合理选择转速与进给量。

②主轴启动：按下启动按钮，当指示灯亮时，将空挡手柄转至正转或反转位置，主轴即顺时或逆时针方向转动。

③主轴的空挡：将空挡手柄向上抬起，即可用手轻便转动主轴，如果再启动主轴，须先将空挡手柄压下再开车。

④主轴转速及进给量的变换：转动主轴转速预选旋钮或主轴进给量预选旋钮，调整到所需的转速及进给量，然后将空挡手柄向下压至变速位置。

⑤主轴进给。

◎机动进给：将接通、断开机动进给手柄压下，再将空挡手柄压下，将主轴移动手柄向外拉出，机动进给即被接通。

◎手动进给：将主轴移动手柄向里推进，并转动移动手柄，带动主轴向上或向下进给。

◎微动进给：将接通、断开机动进给手柄向上抬起，再将主轴移动手柄向外拉出，转动微动进给手轮，即可微动进给。

◎定程切削：将定程切削限位手柄拉出，转动刻度盘微调手柄至所需切削深度值与箱体上的付尺“0”线大致对齐，再转动刻度盘微调手柄进行微调，直至与“0”线对齐并用另一端的锁紧旋钮，将刻度盘微调手柄顶紧，推进定程切削限位手柄接通进给。当切削深度达到定程值时，接通、断开机动进给手柄自动抬起，完成定程切削。

◎攻螺纹：操作与手动进给相同。

⑥主轴箱和立柱的夹紧与松开。

◎主轴箱和立柱的夹紧或松开，既可同时进行，又可单独进行，均由夹紧按钮或松开按钮来实现。

◎分配阀上转轴 1、2 同时处于“(11)”位置时，主轴箱和立柱同时松夹。

◎转轴处于 1“(11)”、2“(=)”或 1“(=)”2“(11)”位置时，主轴箱或立柱单独松夹。

⑦摇臂升降：操作摇臂上升按钮及摇臂下降按钮，摇臂即可升、降。

(4) 行为规范。

①操作者一律不准戴手套。

②机床运转时禁止超负荷工作。

③禁止用手更换刀具以及排除切削。

④主轴箱与限位块间存在挤压点，摇臂与内柱端面也存在挤压点，司机在操作时一定要注意安全。

⑤主轴自动进给时，主轴移动手柄转动，司机应远离手柄，以免碰伤。

⑥摇臂沿着一个方向连续转动不得超过 360 度，避免将内立柱的电源线拧断造成短路。

⑦钻削前切记将摇臂、立柱及主轴夹紧，否则易造成人身伤害事故。

⑧在钻削过程中发生机床及人身意外情况时，应立即按下机床面板上的总停止按钮。

⑨钻削过程中严禁用手清除铁屑和触摸钻头，观察钻削情况时，头部与钻头务必保持一定距离。

⑩司机在松开立柱准备摇动摇臂时，注意观察周围危险区内的人或物。

⑪机床开动时，禁止在机床上检查零件，排除故障。

⑫非专业人员禁止触及电力控制装置。

⑬禁止用汽油、煤油和其他易燃物质作为清洗机床的清洗剂。

⑭禁止用生产压缩空气装置清理机床。

6．主排水司机操作规程

（1）开泵前必须对变阻器、开关柜及机械进行检查，盘车必须感觉灵活，一切正常完好，才能充水开泵。

（2）主泵充满水后，关闭闸门，然后进行送电。送电时，必须穿戴好绝缘手套、胶鞋。

（3）送电操作时，要注意仪表指示和信号指示，带电运转不得超过 15 秒，连续起动不得超过两次。

（4）水泵达到正常运转时，要注意压力表的指示，慢慢打开水泵闸门。

（5）起动结束，要对压力表、真空表、电流表、电压表、电动机、泵轴瓦等部位进行检查，发现异常应停泵检查，并通知维修工处理。

（6）水泵运转过程，司机必须精神集中巡视检查，发现问题立即停机处理。

（7）停泵时，先关闭水闸门和真空表，然后停电把启动器恢复原位。

7．锯床工操作规程

（1）根据工作要求，合理选用锯条的规格，锯条必须拉紧，改变速度、更换锯条、装卸工作时要停车。

（2）工件要夹牢，两端要架稳；锯 1 m 以上的长料时，必须用托滚；同一次锯多根料时，料的直径必须相同；锯角钢、槽钢等不规则的断面时，要手托锯弓慢慢接近工作表面，然后进锯。

（3）锯弓上严禁增加重物；工件锯断时，应停车后取下。

（4）工作完毕后，将开降手柄搬到适当位置，大锯背之顶杆，要顶在安全可靠的地方，并切断电源。

8．锻工操作规程

（1）起动设备前，应检查每个操作手柄、滑动部分润滑系统等，均无问题后，进行运转试验，一切正常时方可使用。

（2）操作时，必须穿工作服、戴围腰和护脚布。

（3）操作空气锤时，要互相配合，不准打冷铁板或薄板，严禁打空锤。

（4）使用手柄前，锤柄牢靠、锤面没有油污方可使用；打回转锤时，要照前顾后，以防砸伤人。

（5）加工后的锻件，不要随地乱扔，以免误踩烧伤。

（6）工作完毕后，将炉火熄灭。

9．车工操作规程

（1）车削工件前，应检查每个操作手柄、各部螺丝、转动及滑动部位等，均无问题后，进行空车运转，一切正常后方可使用。

（2）车削时，必须把刀具、工件卡正、卡牢，按照开车、进刀、退刀、停车的顺序进行操作。

（3）车削时，必须戴防护眼镜、工作帽，严禁戴手套。

（4）要改变车削速度时，必须先断开离合器，待速度为零时，方可转换变速手柄。

（5）车床上旋转的工件，严禁用手触摸和用量具测量。

（6）在车削工件的过程中，如果车床出现异常现象，要立即停车，进行检查修理。

（7）工作完毕后，应切断电源，清扫工作场地，保持机床整洁，并在润滑部位加注润滑油。

10．钻工操作规程

（1）使用钻床前，要检查每个操作手柄、滑动部分、润滑系统等，均无问题后，进行空车试转，一切正常时，方可使用。

（2）操作时要戴个人防护用品。

（3）钻孔时，要把钻头、工件卡正、卡牢。根据孔径大小，选择适当的钻削速度和进刀量。

（4）钻孔时，必须浇注冷却液，孔将钻透时，不得用力过猛。

（5）工作完毕后，应切断电源，清扫工作场地，保持机床整洁。

11．铣工操作规程

（1）操作铣床前，要检查每个操作手柄、各部螺丝、夹紧装置、润滑系统等，均无问题后，进行空车试转，一切正常时，方可使用。

（2）工作时，必须戴防护镜、工作帽。

（3）铣工件时，要把刀具、工件卡正、卡牢。

（4）铣工件时，必须浇注冷却液，要注意铣削速度和进刀量，保证工件的加工质量。

（5）工作完毕后，应切断电源，清扫工作场地，保持机床整洁。

12．刨（插）工操作规程

（1）操作机床前，先检查每个操作手柄、夹紧装置、滑动部分等，均无问题后，进行空车试转，一切正常后方可使用。

（2）工作时，必须穿工作服、戴工作帽。

（3）刨（插）工作时，必须把刀具、工件夹紧，夹正。

（4）加工时，要注意刨（插）削速度和进刀量。

（5）按照图纸要求对工件进行加工，保证质量。

（6）工作结束后，清点工具，放回原处，保持机床清洁，工作场地干净。

13．砂轮机工操作规程

（1）操作前，先检查砂轮是否有缺陷，保护罩等装置是否可靠安全，均无问题后，进行空运转至正常速度，一切正常时，方可使用。

（2）磨削工件时，必须戴防护眼镜，要站在砂轮的侧面，利用正面进行加工。

（3）过大、过薄的工件，不准在砂轮上磨削。

（4）磨削要精力集中，握紧工件，以防撞击。

（5）如果发现有异常震动和异常声响，应立即停电检查。

（6）磨削完毕后，切断电源。

第七章

采煤工作中的违章行为典型案例及操作规程

目前，主要产煤国家使用的采煤方法，总体划分为壁式和柱式两大类。学习采煤工作的相关知识，已成为提高安全意识和生产效率的重要途径。

一、采煤工作中经常出现的违章行为

煤矿开采必须具备保障安全生产的条件，严格执行三大规程，对设计规定保留的矿柱、岩柱，在规定的期限内，应当予以保护，不得开采或毁坏。采煤过程中经常出现的违章行为如下所述。

1. 共性部分

（1）单项工程、单位工程无作业规程施工。

（2）沿用、套用旧作业规程。

（3）作业规程不认真贯彻，不履行签字手续。

（4）一个采区内同一煤层布置3个（含3个）以上采煤工作面同时作业。

（5）工作面起采线（至开切眼首次开采）不制订安全措施。

（6）工作面超越终点线开采。

（7）任意扩大和缩小设计规定中的煤柱。

（8）工作面遇有较大地质结构，不按规定改变支护形式。

（9）采煤工作面不能保持两个畅通的安全出口。

（10）安全出口巷道高度不符合规定，并不设专人维护。

（11）采煤工作面不按规定存有一定数量的备用支护材料。

（12）摩擦式金属支柱和单体液压支柱入井前不进行压力试验。

（13）摩擦式金属支柱、金属顶梁和单体液压支柱使用时间超过8个月后，不进行检修，检修的支柱不进行压力试验。

（14）采煤工作面遇顶底板松软破碎、过断层、过老空、过煤柱或冒顶区不制订安全措施。

（15）采煤工作面初次放顶及收尾时，不制订安全措施。

（16）工作面分上、下面（前后幅）同时开采时，错距不符合规定。

（17）工作面采用下行开采时，上下分层的开采间隔时间不符合规定。

（18）冲击地压煤层开采，不编制专门设计。

（19）采用煤层预注水预防冲击地压时，含水率达不到3.5%。

（20）开拓巷道、永久硐室布置在严重冲击地压煤层中。

（21）冲击地压煤层开采、巷道支护，采用刚性支架。

（22）采用综采时，设备不匹配，入井前不进行性能测试，也不进行试运转。

（23）工作面基本顶初次来压和周期来压不制订安全措施。

（24）用垮落法处理采空区时，悬顶距离已超过规定，不采取人工强制放顶，仍继续采煤。

（25）炮采时上下出口不设特殊支护，综采时上下出口不设端头支架。

（26）采用水砂充填法处理采空区时，充填倍线不符合规定。

（27）采用水砂充填法处理采空区时，水砂比、充填物粒度不符合规定。

（28）不认真绘制采掘动态图或绘制的动态图不准确。

（29）不进行矿压观测。

（30）煤质松散和煤层内有硫黄包时，不制订安全措施。

2．炮采部分

（1）不认真执行“敲帮问顶”制度。

（2）空顶作业。

（3）支架架设在浮煤浮矸上。

（4）架设梯形亲口棚时，岔角、迎山角不符合规定。

（5）底板松软时，支柱不穿鞋。

（6）坑木过细、支架超距。

（7）支架不打木楔和劲木。

（8）以脆性、软质材料做棚梁。

（9）在同一工作面架设不同类型和不同性能支柱。

（10）不按作业规程规定，擅自改变支护形式。

（11）采高和空顶距超过规定。

（12）工作面在断层和顶板破碎压力大处贯通。

（13）工作面丢失顶煤和底煤；伞檐超过规定。

（14）不认真清扫工作面浮煤。

（15）冲击地压煤层开采作业人员不按规定戴防震帽和穿防震背心。

（16）采用水砂填充法时，在工作面内不接注砂管填充。

（17）拉帮门子上不接顶、下不触底。

（18）充填立门顶子木径过细、上下不找窝。

（19）注砂管仰角、水平转角不符合规定。

（20）注砂管接头螺丝连接不牢固、不垫草圈和胶垫。

（21）输送机、电动机不设安全防护盖。

（22）充填地点下方，人员随意通过和停留。

（23）预约定时充填。

（24）下死掌子时，不设警戒。

（25）攉煤工在刮板输送机飘链、链子跑偏时，仍继续装煤。

（26）工作面顶板来压有冒顶预兆时，继续回柱。

（27）不遵循“先支后回，由下而上，由里往外”的三角回柱法，且分段距离不符合规定。

（28）回柱放顶时无人监护，一人独立作业。

（29）浮煤、浮矸没有清理干净，退路不畅时回柱放顶。

（30）难回支柱或压死支柱没有处理时，仍继续回柱放顶。

（31）回柱放顶不备齐支护材料。

（32）放顶人员站在支架折损，有崩绳、崩柱、甩钩、断绳抽人等危险地点回柱放顶。

（33）采煤工作面采用密集支柱切顶时，两段密集支柱之间不按规定留有安全出口。

（34）工作面倾角较大时，在放顶下方不设挡板。

（35）用工作面和运输平巷刮板输送机回撤支柱。

3．机采部分

（1）采煤机司机开机前，不认真检查螺栓、操作按钮及牵引链。

（2）开机前不发出开机信号。

（3）割煤时不巡视滚筒周围有无人员通过和停留。

（4）损坏截齿不及时更换。

（5）采煤机开机时，挂离合器不减速。

（6）采煤机割煤时，当截割阻力大时，仍强行截割。

（7）采煤机停机时，不打开离合器，不停电闭锁。

（8）发现采煤机工作异常时，不停机检查处理，带病运行。

（9）泵站过滤器不清洁，损坏部件不及时更换。

（10）泵站司机发现异声、异味、温度超过规定、压力表指示压力不正常、控制阀失效、管路破裂和脱开等情况时，仍继续开泵。

（11）修理、更换主要供液管路时，不停泵，也不关闭主管路截止阀，带压操作。

（12）擅自打开卸载阀、安全阀，调整部件的动作压力。

（13）随意关闭泵站的回液截止阀。

（14）泵站司机不按时交接班，不认真填写运转记录。

（15）使用单体液压支柱时，支柱工发现三用阀失效、漏液、变形、弯曲、活柱表面锈蚀、顶盖缺少两个以上小爪或手柄损坏时，不及时更换。

（16）使用金属摩擦支柱时，支柱工发现锁体部件不齐全，水平楔不起作用，断裂、变形、弯曲、各部焊伸缩时，不及时更换。

（17）支柱工检查Ⅱ型钢梁时，发现钢梁焊缝开裂，钢梁弯曲、变形及损坏，不及时处理。

（18）使用金属摩擦支柱时，不使用液压升柱器。

（19）回柱后不按指定地点放置。

4．综采部分

（1）采煤机司机开机前，不检查冷却水或水量是否达到要求。

（2）刮板输送机出现急弯，采煤机司机仍开机。

（3）采高低于作业规程要求。

（4）采煤机带负荷启动，过载情况下强行截割。

（5）发现操作手柄不灵或动作有误时，不停机检查，乱敲、乱砸、强行使用。

（6）牵引速度猛增或猛减。

（7）割煤过程中，司机不观察煤帮及支架支护情况。

（8）随意使用换向手把停机。

（9）采煤机上没有装设能停止工作面刮板输送机运行的闭锁装置，或虽有其装置，但动作不灵。

（10）工作面倾角在 15 度以上时，采煤机不设防滑装置。

（11）采煤机上的控制按钮不设在靠采空区侧，或虽设在采空区侧但不加保护罩。

（12）使用绞车安装撤出综采设备时，开车前不认真检查钢丝绳及连接装置，不发出开车信号。

（13）随意拆除和调整支架上的安全阀。

（14）移架前不检查支架有无歪斜、倒架、咬架、架间距离是否符合规定，顶梁与掩护梁工作状态是否正常等。

（15）移架前，不检查支架结构件有无开焊、断裂、变形、螺钉是否松动等情况。

（16）移架前不检查液压件是否完好。

（17）更换、处理液压系统中损坏的胶管时，不插牢U形插销。

（18）移架前不预先发出警告，被移支架周围有人停留。

（19）顶板破碎时，不坚持带压擦顶移架。

（20）升柱时，当主顶梁与顶板接触后立即停止供液。

（21）操作支架升降后，各操作手柄不恢复到“零”位。

（22）移架时，大降慢拉。

（23）移架支护与采煤机截割、刮板输送机推移的相互距离，不符合作业规程规定。

（24）操作支架出现动作失灵和其他故障时，盲目拆卸、乱敲、乱砸。

（25）正常情况下，随意关闭回液阀。

（26）在井下随意拆卸阀件和千斤顶组件。

（27）工作面刮板输送机开机不事先发出开机信号。

（28）运煤前不进行试运转。

（29）大块煤（矸）强行通过采煤机和破碎机。

（30）刮板输送机重载下停机。

（31）放煤不喷雾降尘。

（32）大块煤（矸）卡住放煤口用爆破方法处理。

（33）进入架后剪网作业前，后部输送机不停电闭锁。

（34）放煤工在输送机停机时放煤。

（35）综采设备安装、撤出不制订安全措施。

（36）切眼断面、支护方式和支护质量不具备条件，强行安装综采设备。

（37）倾斜巷道运输综采设备时，不设挡车器等防跑车装置，各车场及路口不设警戒。

（38）综采设备装车时，超长、超重、超宽和超高。

（39）综采设备装车时，捆绑不牢。

（40）综采设备起吊时，分工不明确，人员密集，无关人员随意停留和通过。

二、典型案例及分析

1．擅自甩掉检漏继电器

案例：某工作面采煤机电缆漏电伤人事故

1999 年 1 月 11 日 16 时 10 分，位于采六区某某工作面，发生一起机电事故，造成 1 人死亡。

◎ **事故经过**

1999 年 1 月 11 日早班，采六区某采煤工作面采煤机在割至下端头以上 20 m 时，供电开关跳闸，采煤机司机徐某往下口传“合电”，跟班电钳工孙某听到后便去采区变电室合电。采煤机割了 31 m 后又一次停电，徐某便又口传孙某去合电，来电后徐某操作采煤机割了 31 m 时再一次停电。孙某返回工作面下出口，便向上边喊“别动采煤机了”，但徐某并未听清孙某的喊话，仍往下口传“合电去吧”。电钳工孙某第三次来到变电室，擅自甩掉了检漏继电器，准备合电后去查找开关跳闸的原因。

来电后，采煤机继续割煤。约 16 时 10 分，徐某发现采煤机水管被拉紧，便放慢截割速度，准备处理水管，发现副司机王某在电缆架处萎缩着，头靠在支架立柱上，脸朝下方，便立即停止了正在运行的采煤机和采煤面的刮板输送机。班长李某听信后赶到，发现王某脸色苍白、呼吸困难，便组织实施现场抢救，但终因抢救无效死亡。

◎ **事故原因**

（1）电钳工擅自甩掉检漏继电器，采煤机司机在盘放被刮坏漏电的电缆时，触电发生死亡事故。

（2）采煤机司机没有及时发现采煤机在运行中刮坏电缆漏电，而且在启动采煤机 3 次后仍合不上电时，依然没有引起警觉。

（3）电钳工在连续 3 次开关跳闸原因不明、与司机联系不清的情况下，为查找故障，擅自甩掉检漏继电器，属违章操作。

（4）现场管理不到位。在电钳工与司机联系不清的情况下，带班副区长和班长没有正确处理电气故障，对现场电钳工和司机违章作业行为没有及时制止，现场指挥不力。

（5）采六区领导对职工的安全教育培训不够，日常安全管理不严，职工违章作业现象时有发生。

（6）对采掘移动设备管理存有漏洞，安全监督管理不到位。

◎ **防范措施**

（1）加大现场隐患排查治理的力度，特别是查找机电、运输方面存在的安全隐患，杜绝同类事故的发生。

（2）严格落实各级安全生产责任制，加大现场的监督检查力度，杜绝“三违”现象的发生。

（3）强化对职工的安全教育，切实增强职工的安全意识和按章操作的能力，搞好自保互保和联保。

2．发现锚杆异常，没有停止作业

案例：矿井起吊设备伤人未遂事故

2004年5月14日，某矿在采煤过程中因为工人违章作业并且在发生异常后没有停止作业，引起事故。

◎ **事故经过**

2004年5月14日，某队班前会上，队长李某安排班长周某带领尹某、高某、郭某、杨某、吴某等人去北十一联卸载注浆泵钻机、液压泵站等。周某等人到达北十一联供水孔处，将钻机和液压泵站卸车放好后，开始准备卸载注浆泵。由于注浆泵太重，担心直接卸车摔坏，于是班长周某安排杨某借来倒链，尹某将倒链挂在锚杆螺丝上，用来起吊注浆泵。当注浆泵被吊离平板车约200 mm时，锚杆周围开始掉渣，班长周某立即喊停，并让站在注浆泵里侧扶住注浆泵的高某赶快撤出。高某离开后，尹某又开始拉倒链，结果锚杆被拉出，导致注浆泵向里侧砸去。

◎ **事故原因**

（1）用倒链起吊注浆泵时，将锚杆拉出，是造成事故的直接原因。

（2）当发现锚杆发生异常时，没有及时停止作业，是造成事故的间接原因。

◎ **防范措施**

（1）操作中发现异常后，应立即停止作业，检查出现问题的原因，排除故障并确认安全后，再继续进行作业。

（2）操作过程中，应严格按照标准规范进行。

3. 人员没有撤离到安全地点就开动综掘机

案例：综掘机伤人事故

2001年6月2日，常村煤矿综掘（2）队因为违章行为，使综掘机伤人，造成死亡事故。

◎ **事故经过**

2001年6月2日8时班，常村煤矿综掘（2）队在S2-3皮顺作业。9时40分左右，机电副班长李某与另外几名职工拖完电缆后，在距工作面30 m处休息。大约10时30分，综掘机割完第三架棚的右侧煤壁，退出机组约4.5 m。期间，拖完电缆后的李某一人来到工作面，离开休息处时未向任何人打招呼。此时，退出的机组在调转方向割左侧煤壁时，机组尾部的电机挡板将正在弯腰整理电缆（现场分析）的李某头部挤压，造成颅脑损伤而死亡。

◎ **事故原因**

（1）机电副班长李某自我防护意识差，违反了综掘机在开机期间“除正副司机外，其余人员撤离到机组运行区域外”的规定，违章进入机组前进后退的危险距离范围内，既未与司机进行联系，也未对机组的运行情况进行观察，防范意识不强，是造成事故的直接原因。

（2）机组副司机无证上岗、违章作业，违反了“当巷道较窄或机器左右两侧有障碍物和人员时或转变时应小心操作”的规定要求，只注意前方，对后侧情况未做检查，是造成事故的主要原因。

（3）当班班长违章安排无证人员当机组副司机，当班作业时也未交代清楚副司机所要承担的责任，只是安排注意防止机组铲板碰撞棚腿情况，也是造成事故的原因之一。

（4）机电班长安全管理意识不强，互保联保责任未落实到位，导致在李某一人进入工作面时，机电班长和另一名机电人员未引起注意。

（5）现场安全员在距综掘机约20 m的地方未发现李某进入综掘面，监督不力。

◎ **防范措施**

（1）强化对职工的安全教育和业务技能培训。

（2）加大安全监督检查力度，从严从重查处各种“三违”人员，坚决制止各种“三违”现象，严格执行安全生产“三不”。对查出的各种违章现象，要及时查处，及时通报。对不符合安全管理规定的现象，要立即停下来进行整改。

（3）严格按照生产作业计划的要求，组织正规循环作业。严格事故责任追究，对重生产、抢进尺，忽视安全管理而导致的各种事故发生的单位和有关责任人，要从严从重处罚，绝不姑息迁就。

4．采煤过程中顶板来压，疏于防范造成伤亡

案例：工作面煤墙片帮伤人事故

◎ 事故经过

某矿工作面煤层赋存稳定，结构简单，煤层厚度 1.5 ～ 6.5 m，工作面走向长度 715 m，倾斜长度 93 ～ 113 m，倾角 12 度；工作面为顶层工作面，采用走向长壁倾斜分层采煤方法，ZC6000/17/33 型液压支架支护顶板，采高 3 m，循环进尺 0.8 m。2009 年 4 月 23 日零时班：6 时 30 分，工作面正在进行收尾作业。工作面已经割过一刀煤，煤墙联网高度 1.5 m，十几名工人正在煤墙侧进行联网作业。突然，78 ～ 81 号架发生片帮，将李某和王某掩埋。班长王某立即带领人员进行抢救，最终造成李某、王某严重工伤事故。

◎ 事故原因

（1）工作面煤壁受顶板压力影响，导致煤壁片帮伤人，这是造成事故的直接原因。

（2）职工自我防护意识和安全防范能力差，未严格执行“敲帮问顶”制度，未能做到“一人监护，一人作业”，是导致事故发生的重要原因。

（3）职工工程质量意识差，执行措施不到位，是导致事故发生的间接原因。

◎ 防范措施

（1）工作面基本顶初次来压和周期来压前进行测试，并制订相应的安全措施。

（2）增强煤矿工人自我防护意识，在作业过程中，时刻注意自己和身边工友的安全，以防意外伤害。

5．没有及时测定顶板来压情况，顶板支护强度不够

案例：综采工作面冒顶伤亡事故

2010 年 5 月 7 日，在灵东煤矿综采工作面上，由于顶板多次来压，而矿上对顶板的支护强度达不到要求，引发一起冒顶事故，造成 2 名工人死亡。

◎ **事故经过**

灵东煤矿综采工作面设计走向长度2750 m，倾斜宽度172.5 m，采高3.7 m。5月6日二班21时左右，由于综采工作面顶板周期来压，造成31～38号支架前冒顶、片帮，二班带班矿长陈某组织当班人员处理冒顶，采取超前移架和半圆木蓬顶。零时三班接班后，由带班矿长张某、班长苗某继续组织蓬顶。5月7日1时30分，顶板再次来压，从34～36号支架处上部突然冒落大量石块，将正在34号与36号架前前溜上用半圆进行蓬顶作业的工人迟某、李某砸倒并掩埋。事故发生后，带班矿长张某等人立即召集其他工作人员携带工具开始抢救，40分钟后将迟某、李某救出并抬至井上，于3点左右送至公司职工医院进行抢救。5时30分，迟某、李某经抢救无效死亡。

◎ **事故原因**

（1）综采工作面处理冒顶作业时，由于临时蓬顶支护强度不够，顶板再次来压时，冒落的石块将正在处理冒顶作业的迟某、李某砸伤并导致死亡。

（2）现场管理不到位。采煤工作面处理架前冒顶时，现场采取的蓬顶安全措施不可靠、支护强度不够，没有严格按《采煤作业规程》用木垛接顶或打设点柱，而采取半圆木穿楔背棚支护，削弱了支护强度。当顶板再次来压时，冒落的岩石摧垮半圆木穿楔背棚支护，造成事故发生。

（3）安全监督管理不力。现场的管理人员、安全检查人员对周期来压和顶板破碎造成的危害没有引起足够的重视，在处理采煤工作面煤层顶板局部冒顶时，对作业人员没有严格执行《采煤作业规程》进行制止。

◎ **防范措施**

（1）加强工作面工程质量管理，确保工作面煤壁和支架都保持直线，防止压力局部集中造成片帮、冒顶。

（2）工作面支架要保证有足够的初撑力，支架不漏液、不窜液，支架升起后顶梁要升平、升紧。

（3）进入煤墙侧作业时，必须闭锁大溜，设专人监护，并使用专用工具敲帮问顶，检查顶帮安全状况，确认无危险后方可作业。

（4）当长时间进入煤墙侧作业时，必须利用半圆逼帮，防止煤墙片帮伤人。

（5）进入煤墙侧作业必须安排专人进行监护，提前准备好退路，发现异常立即撤离。

（6）工作面顶板破碎、煤墙片帮严重时，要采取加注化学材料来加固顶板、煤墙，防止片帮冒顶事故发生。

（7）工作面出现煤墙片帮等现象时，要及时超前移架或采用有效办法管理顶板，控制漏顶、冒顶事故的发生。

（8）处理冒顶作业时，班组长负责看护大溜闭锁、支架手把，密切监护顶板状况，注意观测顶板冒落预兆，防止发生大面积冒顶事故。

（9）作业过程要快速谨慎，清理好退路，保证退路畅通，一旦有异常，立即撤离。

（10）工作面处理冒顶事故时，严格执行《煤矿作业规程》、专项安全技术措施以及有关安全管理规定。

三、正确操作规程

1．液压支架工操作规程

（1）上岗条件。

液压支架工必须熟悉液压支架及刮板输送机的性能、构造原理和液压控制系统、作业规程和工作面顶板控制方式，能够按标准维护保养液压支架，经培训、考试合格后，方可上岗操作。

（2）操作顺序。

接班→现场检查→处理存在问题→采煤机割煤后及时移架→推前部刮板输送机→放顶煤→收后部刮板输送机→进入下一个循环→结束后清理浮煤→系统全面检查→交班。

（3）接班。

①现场材料库须备齐扳手、钳子、螺丝刀、套管、小锤等工具，U形销、高低压管、接头、密封圈、刮板、链环等备用配件。

②支架工应准时进入工作面进行现场交接班，了解上班支架工作情况、顶板支护情况及上班遗留问题。

③检查支架有无歪斜、倒架、咬架，支架前端、架间有无冒顶、片帮的危险，顶梁与顶板接触是否严密，架间距离是否符合规定，支架是否成一直线或甩头摆尾，顶梁与掩护梁工作状态是否正常等。

④检查结构件，看顶梁、掩护梁、侧护板、千斤顶、立柱、推移杆、底座箱等是否开焊、断裂、变形，有无连接脱落，螺钉是否松动、压卡、扭歪等。

⑤检查液压件，看高低压胶管有无损伤、挤压、扭曲、拉紧、破皮断裂，

阀组有无滴漏，操作手把是否齐全、灵活可靠、置于中间停止位置，管接头有无断裂，是否缺 U 形销子；千斤顶与支架、刮板输送机的连接是否牢固（严禁软连接）。

⑥检查电缆槽（挡煤板）有无变形，槽内的电缆、水管、照明线、通信线敷设是否良好，挡煤板、铲煤板与连接是否牢固，溜槽口是否平整，采煤机能否顺利通过，照明灯、信号闭锁、洒水喷雾装置等是否齐全、灵活可靠。

⑦检查工作面后部刮板输送机是否拉移到位。

⑧对存在的问题，应及时向班组长汇报处理；对支架存在歪架、倒架、咬架现象而影响控制顶板的，应准备必要的调架千斤顶或单体支柱等，以备下一步移架时调整支架。

（4）作业。

①清除架前障碍物，检查本架管线不被刮卡、上下相邻两组支架推移千斤顶处于推移状态时，即可移架。

②移架时的操作顺序。

◎正常移架时的操作顺序。

采煤机割煤后，追机移架，先收回伸缩梁、护帮板、侧护板。

操作前探梁回转千斤顶，使前探梁降低，躲开前面的障碍物。

降柱使顶梁略离顶板，同时将相邻两个支架立柱打升位。

当支架可移动时立即停止降柱，及时将支架移至规定步距。

调架使推移千斤顶与刮板输送机保持垂直，支架不歪斜，中心线符合规定，全工作面支架排成直线。

伸出伸缩梁使护帮板顶住煤壁，伸出侧护板使其紧靠相邻支架。

将各操作手把扳回“零”位。

◎过断层、老巷、顶板破碎带及压力大时的移架操作顺序。

按照安全技术措施进行及时支护或超前支护，尽量使顶板缩短暴露时间、缩小暴露面积。

一般应采用“带压移架”，即同时打开降柱及移架手把，及时调整降柱手把，使破碎矸石滑向采空区，移架到规定步距后立即升柱。

过断层时，必须按作业规程规定严格控制采高，防止压死支架。

其他同正常移架顺序。

◎倾角较大工作面端头过渡支架的移架顺序。

2 人配合操作，1 人负责前移支架，1 人操作防倒、防滑千斤顶。

移架前将防倒、防滑千斤顶全部放松。

先移里面的一架，再移外面的一架，最后移中间一架。

移中间一架时，应放松其底部防滑千斤顶，以防被顶坏。

其他操作同正常移架顺序。

③移架操作时要掌握八项操作要领，即快、匀、够、正、直、稳、严、净。

◎各种操作要快。

◎移架速度要均匀。

◎移架步距要符合作业规程规定。

◎支架位置要正，不咬架。

◎各组支架要排成一直线。

◎支架、刮板输送机要平稳牢靠。

◎顶梁与顶板接触要严密不留空隙。

◎煤、矸、煤尘要清理干净。

④采煤机的前滚筒到达前应先收回护帮板；带有伸缩前探梁的支架，割煤后应立即伸出前探梁支护顶板。

⑤降柱幅度低于邻架侧护板时，升架前应先收邻架侧护板，待升柱后再伸出邻架侧护板；移架受阻达不到规定步距，要将操作阀手把置于断液位置，查出原因并处理后再继续操作。

⑥工作面遇断层、硬煤、硬夹石层需要爆破时，必须把支架的立柱、千斤顶、管线、通信设施等掩盖好，防止崩坏。

⑦移完支架后，将各操作手把都扳回“零”位。

⑧待采煤机回刀结束后，开始推移工作面前刮板输送机。

⑨推移刮板输送机时须按以下规定操作。

◎推移前先检查顶底板、煤帮情况，确认无危险后，再检查溜槽与煤壁之间有无矸石、杂物和浮煤堆积等现象，确认无问题后方可移架。

◎推移顺序可采用自上而下、自下而上的顺序推移，具体视工作面情况而定，但不得从工作面中间向两边推移。

◎推移刮板输送机应与采煤机保持 12 ～ 15 m 距离，弯曲段不小于 15 m。

◎推移刮板输送机机头和机尾时必须距采煤机后滚筒 15 m 距离。进刀后，刮板输送机机头、机尾必须一次移够步距。

◎除刮板输送机机头、机尾可停机推移外，工作面内的溜槽要在刮板输送机运行中推移，不准停机推移。

◎千斤顶必须与刮板输送机连接使用，以防止顶坏溜槽侧的管线。

◎移动机头、机尾时，要有专人（班长）指挥，专人操作，动作协调，步距移够。

◎推移后要保证刮板输送机整机安设平稳，开动时不摇摆，机头、机尾和机身要平直，保持刮板输送机、支架和煤壁成直线，电动机和减速器的轴的水平度要符合要求。

◎拉移放顶煤工作面后部输送机应从一端开始依次拉移，不得相向拉移；要确保拉移弯曲段不小于 15 m。

◎拉移后部刮板输送机机头、机尾时要多人联合操作，并停止后部刮板输送机。

◎刮板输送机推（拉）移到位后，随即将各操作手把扳到停止位置。

⑩工作面在开始放顶煤时，须按以下规范进行操作。

◎放煤前要认真检查放煤机构、液压元件、放煤口喷雾装置是否完好，后部过煤空间是否符合要求，发现问题及时汇报处理。

◎必须及时清理架间和架后浮煤，确保放煤口放煤情况清晰可见。

◎严格按照作业规程规定的放煤步距、放煤顺序等放煤工艺要求操作。

◎当大块煤堵住放煤口时，可反复活动尾梁，必要时可用插板插碎。严禁采用爆破的方法处理大块煤、矸。

◎放煤位置距移架位置不得超过作业规程规定，不得移架后立刻放煤。

◎工作面后部刮板输送机停止运转时严禁放煤。

◎放煤时必须及时打开喷雾装置喷雾降尘。

◎放煤结束后，必须把支架尾架升起，将插板伸出，并将放煤阀组拨回到“零”位，关闭喷雾装置。

⑪工作面出现冒顶应采取的处理方法。

◎主顶梁前端顶板破碎局部冒顶时，将顶梁用半圆木刹顶，再升柱使其严密接顶。

◎支架上方空顶有倒架危险时，应用木料支顶空间。处理时先在顶梁上打临时支柱护顶，人员站在安全地点，用方木或半圆木打木垛。木垛最下一层的两端要分别搭在相邻两支架顶梁上并与顶梁垂直。移架时注意交替前移，以保持木垛完整。

◎煤质松软片帮时，要在支架与煤壁间支棚刹顶帮，以防止继续片帮造成大面积冒顶。

◎移架前应在煤帮侧打上抬棚托住棚梁，以便拆除阻碍移架的棚腿。

（5）交班。

①工作面停止采煤后，须及时清理支架内的浮煤、矸石及煤尘，整理好架内的管线，清点工具，放置好备用配件。

②仔细检查液压管路、操作手把及各部连接和支护情况。

③向接班人员详细汇报本班的工作情况及存在的问题，并协同进行现场检查，发现问题及时处理。

④按规定填写液压支架工作日志后方可离开工作地点。

2．清煤工操作规程

（1）一般规定。

①清煤工进入工作面，现场进行交接班。

②进入接班地点后，主动向上班清煤人员了解上班设备工作情况及本班工作注意事项和遗留问题。

③双方对检查发现的问题进行彻底处理，不能马上处理的及时汇报并落实责任。

④用长把铁棍敲帮问顶检查顶板、煤壁是否稳定，有片帮、冒顶时，应立即采取可靠措施后，方可进入作业地点。

⑤相互按规定要求交接清楚后，准备上岗作业。

（2）操作方法及要求。

①班组长分配工作后，清煤工进入自己的责任区。

②清煤作业时，单人作业采用追机作业方式；多人作业时，采用分段作业方式。

③清煤人员作业位置，应处于支架前立柱与电缆槽之间。

④清煤时，将底板上的浮煤装入运输机内，并要求将支架底座与运输机挡煤板之间的浮煤全部清理干净，底板残留煤不得超过规定。

⑤清煤工将浮煤装进运输机的过程中，应不断向前移动作业位置。采用追机作业时，清煤距推溜保持 5 ～ 15 m 的距离；采用分段作业时，清煤应保证在下个循环开始时清完上个循环的全部浮煤。

（3）操作注意事项。

①当工作面因片帮、漏顶等原因造成局部浮煤、浮矸堆积，清煤时应集中清理以免影响移架。

②清煤工在清煤过程中，要经常注意运输机溜槽中煤流是否正常，发现涌煤时，应立即通知停机并协助打炭工及时处理。

③当工作过程中发生冒顶、采煤机拖移电缆被压、压溜等特殊情况时，要及时向班组长（跟班队长）汇报，并积极协助处理。

（4）交班。

①下班前 30 分钟，清煤工要将整个工作区域检查一遍，除输送机弯曲段 15 m 范围以外，其余支架底座前不得有浮煤堆积。

②当接班人员进入工作面，交班清煤工将本班清煤情况、遗留问题、处理措施及下班应注意事项交代清楚。

③配合接班清煤工从机头至机尾进行认真检查，对检查发现的问题及时处理，不能立即处理的，进行现场移交并明确责任。

④按规定要求进行交接班手续后，准备下班。

（5）安全注意事项。

①严禁在采煤机前进方向 20 m 范围内清煤，并注意煤墙片帮和顶板情况。

②双脚要站在底板上，防止被扭伤或挤伤。

③严禁将浮煤攉到架间或老塘中。

④随着作业位置移动要不断观察顶板和煤壁及大溜运行状况，确保工作安全。

3. 回柱工技术操作规程

（1）工作前的准备工作。

①准备长把啄子、斧子、抓钩等工具。

②观察采面上面顶板压力及支柱的完整情况，如果采场控顶有缺陷时，要求班组弥补。

③检查原有密集支柱的损坏、掩埋情况，作出回收旧密集支柱的具体方案。

④检查回柱区顶板的裂缝、搭口情况，分析制订回柱应当采取的相应安全技术措施。

⑤制订回收支柱的存放方案；清理回柱退路，并在支柱之间搭上“路跳”。

（2）回柱作业。

①按作业规程要求，在保留位置（即最小控顶距）上打新的密集支柱。密集支柱原则上在原有支柱之间加密，间距视顶板压力和采空陷落情况确定（一

般以作业规程规定为准）。

②按照从下至上、从采空至新密集的顺序进行回柱。

③回柱时，先用啄子啄空柱窝周边底板，然后靠在后排支柱（面向采空）位置上用长把啄子从下至上敲打支柱，也可打柱脚。啄柱窝有困难时，也可直接左右敲打草鞋板，不得已时，可用长把斧子在草鞋板下砍出一个自由面。

④架柱操作至少3人。其中，一人担任前方操作，一人站在上侧观察险情，一人站在后排临护，并伺机把敲下的柱子扳回来。

⑤在一个回采面上只允许一组人单头回柱，禁止多头回柱。

⑥在顶板破裂（有搭缝）地点应适当留下“信号柱”，直接顶坚硬的信号柱可待全排支柱回收完成后再行伺机回收。

⑦长壁式采煤面上回采与回柱平行作业时，要制订相应的防止噪声、防止采空区大面积冒落压垮采场的安全措施，否则不能平行回采作业。

⑧回收下来的坑木要及时运走，并在指定的、不影响生产活动的地点整齐堆放。

⑨回柱过程中若发现顶板大面积来压，其破裂、掉渣声响清晰时，应当立即停止回柱活动和其他生产活动。

⑩靠近采场下口进行回柱时，要注意运输平巷顶帮冒落断头导致垮落伤人。

⑪遇到回柱后伪顶伴随垮落的情况，不能急于回收受到冒落威胁的支柱，应待冒落稳定后再予回收。

（3）工作结束。

①把回收下来的支柱运至规定地点堆码好。

②根据顶板陷落是否充分的实际情况，确定是否对新打密集支护进行加固。

③如果回柱后顶板没有及时陷落，应将情况报告值班领导，并告诫生产班组加强警惕。

④把回柱情况记入手簿后清理工具出井。

4．放煤工操作规程

（1）工作前的准备工作。

①检查漏煤嘴两个销子的磨损情况，磨损严重时必须向区（队）值班干部汇报。

②检查四通阀、漏煤嘴转动是否灵活。

③检查装车站车场的道岔是否密贴、灵活。

④一切检查合格后，方可进行调车放煤。

（2）放煤时，应在漏煤眼侧面，目视漏煤方向，手持四通阀手把，将车装满。

（3）放煤过程中，若发现长、大物料溜入车内，应立即关闭溜煤嘴，并将物料从车内取出。从车内取出长、大物料时，必须注意架空线，以防触电伤人。

（4）若在放煤时遇另一列车通过该处，应停止放煤，进入躲避硐内，待车过后再进行放煤。

（5）放水煤时要避开喷煤方向，并从第 10 辆车开始放煤或用机车从漏煤眼后面拉着放煤。

（6）放水煤时，距溜煤嘴前后各 50 m 处必须设警戒，禁止行人及车辆进入喷煤区内。

（7）当打不开漏煤嘴时，应检查漏煤嘴各部是否正常，询问风压是否符合要求（78.4×10000 pa）。若一切正常仍打不开漏煤嘴时，必须用钢丝绳套住扇形门，由机车从漏煤嘴后拉开，然后再进行放煤。

（8）水煤漏煤眼下应保持常有空车，做到勤拉、勤放。如果空车紧张或无空车时，应电话汇报区（队）值班干部，并通知该队停止出水煤。

（9）使用间隔时间超过 8 小时未放煤（矸）的漏嘴时，应对其进行全面检查，必须严格按水煤溜煤嘴使用，并严格执行相关规章规定。

（10）放煤完毕，必须将四通阀手把拴牢，以防手把打开造成跑煤。

（11）放煤工负责本岗的道岔及调车工作，调车时要与司机配合，以防碰伤手脚。

（12）放煤时，放煤工要以口哨作信号，与司机进行联系，信号规定为“一停、二拉、三倒（顶）”。

（13）若遇漏煤嘴堵塞，必须汇报给矿安全调度中心和原煤生产井调度台以及区（队）值班干部。爆破处理堵塞时，与爆破工配合，每爆破一次打开漏煤嘴放一下煤，直至畅通。

（14）放煤时，严禁任何人在溜煤眼下进行装煤，以防大块落下将人砸伤。

5．液压泵站工安全技术操作规程

（1）开泵前的准备工作。

①检查泵前的各部件是否齐全紧固。

②检查清理过滤器。

③检查曲轴箱、齿轮箱中的油位是否符合规定。

④检查分离腔的排液孔，保持畅通。

⑤检查乳化液箱上的压力计、保护装置是否齐全可靠，不应有损坏现象。

⑥检查液箱的液位，保证在箱高的 3/4 以上处。

⑦检查乳化液的配比，保证在 3% ～ 5% 内。

⑧打开手动阀卸载。

⑨检查发现的问题要及时处理，确认无误后，方可开泵工作。

（2）运转中的注意事项。

①若发现异常声响和振动时，要立即停泵检查。

②油泵盖板不准随便拆开。

③检修泵站时，应关闭吸油阀，同时将相应的电源开关打在停止位置。

④泵站的卸载阀与安全阀的动作压力要调整合适，整定值不能太近，也不能同时动作，以保证泵站的安全运转。

⑤调整卸载阀压力时，任何地方不得漏液，观察油箱压力计，必须符合工作面液压支架对系统压力的要求。

（3）停泵。

①打开手动卸载阀，使泵站系统处在卸载状态。

②切断电源。

（4）泵站的移动。

①注意各管路防止挤撞。

②移动后要保证管路畅通、各接头正确完整。

③保证设备安设平稳，固定要可靠。

6．端头维护工最新操作规程

（1）操作准备。

①备齐注液枪、卸载手把、液压升柱器、支柱定位卡具、锹、镐、锤、斧子、锯等工具，并检查工具是否完好、可靠。

②检查液压管路是否完好。

③检查工作地点的顶板、煤帮和支护是否符合质量要求，发现问题及时处理。

（2）安全规定。

①在进行支护前，必须在已有的完好支护保护下，用长把工具敲帮问顶，摘除悬矸危岩和松动的煤帮。

②采用双楔顶梁支护的，双楔要成对使用齐全，反向插入打紧，伸出量要保持一致，伸出长度不得小于 30 mm。

③按作业规程的规定打设两道超前抬棚，保证支柱成一条直线，π 型钢梁接顶严实，支柱初撑力、超前支护距离符合规定。工作面支架要排成一条直线，误差不超过 ±50 mm，支架中心距误差不超过 ±100 mm。

④工作面上下安全出口与巷道连接处 20 m 范围内净高度不得低于 1.8 m，采用反井字木垛的方法接拱形顶板，打超前支护。

⑤工作面安全出口与巷道连接处 20 m 范围内，距离煤壁 10 m 范围内打双排柱，距离 10 ～ 20 m 范围内打单排柱。

⑥不缺梁少柱，不能有失效的单体存在。支护时，严禁使用失效和损坏的支柱、顶梁和柱鞋。

⑦运输巷超前支护范围以外的巷道，也必须对锚杆紧固状态、受力状态、巷道变形情况经常检查，发现问题立即处理。

⑧超前支护以外出现失修巷道时，应及时打点柱支护。

⑨保证单体支柱成一条直线，偏差不得超过 ±100 mm，柱距、排距偏差不超过 ±100 mm。

⑩单体支设在实底上，距离巷道帮≥ 0.5 m，必须达到初撑力 90 kN。

⑪不准将支柱打在浮煤（矸）上，坚硬底板要刨柱窝、见麻面；底板松软时，单体必须“穿鞋”。

⑫单体支柱活柱行程不得小于 200 mm。

⑬运输顺槽转载机与巷帮支护的距离不得小于 0.5 m；输送机机头和机尾处与巷帮支护的距离应满足设备检查和维修的需要，不得小于 0.7 m。巷道内移动变电站或平板车上设备的最突出部分，与巷帮支护的距离不得小于 0.3 m。

⑭单体液压支柱架设的要求。

◎支柱必须达到初撑力。

◎拔除液压枪时要防止卸载阀溢流。

◎注液完成后，要把注液枪放置在支柱的手把上，不得放置在底板上，更不能拖拽。

◎在支设时，要注意临近支柱是否松动，如果有松动应该及时打紧。

⑮端头支护使用4对8根4 mπ钢加2.8 m或3.5 m单体支护，一梁3柱。

⑯支柱必须支设牢固、迎山有力；严禁在支柱上打重楔，严禁给支柱带双柱帽。

⑰不得使用不同类型和不同性能的支柱。

⑱不准站在输送机上或跨着输送机进行支护。

⑲调整顶梁、架设支柱时，其下方5 m内不得有人。

⑳临时支柱的位置应不妨碍架设基本支柱；基本支柱架设完成前，不准回撤临时支柱。

㉑采用长钢（板）梁支护的，长梁要迈步支护、交替前移，不得齐头并进。

㉒端头支护与巷道支护间距不得大于0.5 m。

㉓顶梁与顶板应紧密接触。若顶板不平或局部冒顶时，必须用木料穿实。

㉔必须根据支护高度的变化，选用相应高度的支柱。选用1.0 m以上的单体液压支柱时，支设最大高度应小于支柱设计最大高度0.1 m，最小高度应大于支柱设计最小高度0.2 m；选用其他支柱时，严禁超高支设。

㉕收尾时，将剩余的顶梁、背顶材料，失效和损坏的柱、梁等，分别运送到指定地点，码放整齐。

㉖在上下顺槽切顶线处及时打好关门柱，关门柱不少于4棵，并要梓子拉严，防止老塘窜货。

㉗每班安排专人对两个安全出口进行维护，清理浮货、卧底、扩帮。

㉘必须经常捋顺吊挂安全出口处的管路电缆，严禁在安全出口堆积杂物，影响通行。

第八章

防水工作中经常出现的违章行为典型案例及操作规程

矿井防治水工作在矿山建设、生产过程中起着重要作用。做好矿井防治水工作，是减少矿井水害事故发生，特别是减少重特大事故发生的前提。如何在煤炭生产过程中防治水害事故，是安全生产管理中的重要环节。

一、防水工作中经常出现的违章行为

一般矿井和小煤窑采掘的废老空积水，其几何形状不规则，积水量大者可达数百万立方米，一旦采掘工作面接近或揭露积水，常常会造成突水淹井和严重人身安全事故。防水工作中经常出现的违章行为如下所述。

（1）未经地测办给定中腰线私自开口。

（2）有透水预兆，不及时汇报或撤人。

（3）不执行掘探一体化，掘进超过掘探一体化安全距离。

（4）未按规定填写掘探一体化牌板。

（5）未按地测办给定中腰线施工。

（6）掘进作业规程无明确规定，不执行“先探后掘”，现场私自不探就掘。

二、典型案例及分析

1. 掘进工作面放炮，打透积水采空区

案例：乌海市某煤矿井下掘进工作面特大透水事故

2004 年 4 月 30 日，乌海市海南区鑫源煤矿发生一起特大透水事故，造成 13 人死亡，2 人失踪，直接经济损失 287.5 万元。

◎ 事故经过

2004 年 4 月 30 日早班，带班班长何某带领 31 名工人（安全工 1 名、炮工 2 名、三轮车司机 16 名、装车工 12 名）入井作业，分布在 8 个工作面出煤。约 9 时 20 分，炮工刘某和梁某在西巷工作面放炮时发生透水事故。在距透水点 30 m 处躲炮的三轮车司机黄某和在附近工作面作业的工人，听到放炮声的同时发现有水涌入他们的工作面。他们立即向地面逃生，16 名矿工跑出地面，并向该矿负责人报告了事故。至此，井下其余 15 名矿工被困。

事故发生后，乌海市及时成立了事故抢险救灾指挥部，制订了具体抢险救灾方案，立即展开抢险工作。经多方努力，至 2004 年 6 月 8 日上午，找到了 13 名遇难矿工，其余 2 名遇难矿工仍下落不明。

◎ **事故原因**

（1）直接原因。

①该矿越界进入季节性河槽下开采，自然涌水量大，矿井南部多处为原公乌素煤矿二号井16号煤层积水老空区。

②该矿矿长违章指挥工人越界开采，巷道越界248 m，冒险进入积水老空区下作业。

③在未采取有效探放水技术措施的情况下，工人在掘进工作面放炮时与积水老空区打透，导致透水事故发生。

（2）间接原因。

①该矿在不具备安全生产条件下，拒不执行有关部门下达的停产整顿指令，擅自恢复生产，违章冒险作业。

②安全管理机构不健全，没有专管安全的副矿长，井下作业以包带管，没有专职技术人员，没有制订符合实际的规章制度、作业规程、灾害预防计划，没有采取有效的井下探放水安全技术措施。

③矿井采用非正规采煤方法生产，超能力多点出煤，对矿井存在的重大透水事故隐患重视不够，防范措施不落实。

④矿长及井下作业人员安全意识淡薄，工人安全技术素质差。

⑤上级相关管理部门对已发现的越界开采违法行为，没有组织有关职能部门进行监督检查，未能采取有效措施加以制止。

◎ **防范措施**

（1）煤矿企业必须建立和完善安全生产技术管理制度，对于周边有水害威胁的矿井，必须严格遵循“有疑必探，先探后掘”的原则，制订相应的探放水安全技术措施后，方可进行作业。

（2）如果煤矿“三下”采煤技术条件不够成熟，严禁在河床下采煤。

2．擅自设计开掘巷道，乱挖滥采

案例：禹州仁和煤矿“9·7”重大透水事故

2008年9月7日5时40分许，禹州鹤煤仁和矿业有限责任公司发生一起重大透水事故，造成6人死亡，12人下落不明，直接经济损失1545.18万元。

◎ **事故经过**

2008年9月7日零时班，该矿副总经理杨某和矿井调度负责人张某安排

62 人在井下从事维修、掘进及采煤等工作。4 时 30 分，11021 工作面上付巷一探巷二平巷透水，瞬时出水量达 3000 m^3 以上，很快将一联络巷、二联络巷和皮带下山等 839 m 巷道淹没，冲垮巷道 200 多米，多处巷道冒顶严重。11021 工作面上付巷低洼处被水和淤煤堵死，被堵巷道以里瓦斯浓度达到 10% 以上。事故发生后，有 38 人安全升井，24 人被困井下。

◎ **事故原因**

（1）违反技术改造初步设计，擅自开掘一探巷，在老空区边界乱挖滥采，导致老空积水溃出，是事故发生的直接原因。

（2）该矿不服管理，对上级管理机构先后两次下达的停止作业通知书置之不理，擅自掘进一探巷。

（3）该矿安全管理混乱，安全管理机构不健全；不按照有关要求配备“五职”矿长；探放水设备设施不完备；不编制掘进作业规程和采取探放水措施；违反国家规定，在井下使用包工队作业等。同时，安全教育和培训不到位，井下作业人员事故防范意识不强，在出现明显透水征兆的情况下仍冒险作业。

（4）郑鹤公司和禹州煤炭资源整合筹建处没有认真履行安全管理职责，对该矿安全管理不力，没有及时督促解决该矿存在的重大事故隐患，对该矿的违规生产行为没有采取有效措施予以制止。

（5）鹤煤集团未认真贯彻落实规定，对该矿安全生产重视不够，没有使该矿的人员素质、技术装备水平和安全生产水平得到实质性提高。

◎ **防范措施**

（1）企业要切实加强对资源整合矿井的监督管理，坚决制止和打击资源整合技改矿井违规组织生产的现象。

（2）提高煤矿的人员素质、技术装备水平和安全生产水平，切实加强安全生产管理。

（3）严格落实水害防治责任制，建立健全水害防治专门机构，遵循“预测预报，有疑必探，先探后掘，先治后采”的原则，认真开展水防治工作。

3. 在“四无”情况下盲目施工

案例：河南省登封市小河煤矿矿井透水事故

1997 年 7 月 10 日 16 时，河南省登封市小河煤矿断层采区挡水墙左下角溃决，发生透水事故，造成 29 人死亡，直接经济损失 400 万元。

◎ **事故经过**

1997 年 7 月 10 日 16 时，该矿生产技术部门在没有全面认真分析矿井水文地质资料、没有进行挡水墙设计、没有编制作业规程的情况下，未经总工程师同意，盲目地在断层采区回风巷与总回风巷的贯通巷道内设置挡水墙。由于挡水墙设置在断层破碎带边缘的砂质泥岩上，在 7 月 3 日 4 时许断层采区停止排水后，经过大约 180 小时的浸泡，在 10 m 多高的水头压力作用下，挡水墙在左下角形成长约 1 m、宽 0.2 ～ 0. 5 m、深 0.3 ～ 1. 5 m 的突水口，2000 m^3 的积水迅速溃入北下山采区，造成 29 人死亡，直接经济损失 400 万元。

◎ **事故原因**

（1）该矿主要领导没有认真贯彻落实“安全第一”方针，安全生产意识淡薄，责任心不强，是导致事故发生的一个重要原因。

（2）该矿安全生产管理秩序混乱，制度不健全，安全管理措施不落实，特别是重大安全工程无设计、无作业规程，盲目组织施工。在发现挡水墙渗水等重大安全隐患后，没有及时采取积极有效的补救措施，最终导致事故发生，是事故的又一个重要原因。

◎ **防范措施**

（1）该矿生产技术部门应该全面认真分析矿井水文地质资料、进行挡水墙设计、编制作业规程。

（2）发现挡水墙渗水且逐渐增大时，有关部门的领导应引起足够重视，采取积极有效的补救措施。

（3）加强该矿的生产技术管理，避免产生此类严重的失职行为。

4．擅自采挖防水煤柱

案例：云南省来宾县罗立恒煤井透水事故

1988 年 4 月 4 日 9 时 30 分，云南省来宾县罗立恒煤井，井下旧巷道水仓附近工作面发生一起透水事故，死亡 12 人，轻伤 1 人。

◎ **事故经过**

1988 年 4 月 4 日 7 时 30 分，带班员黄某在旧巷道水仓附近工作面亲自划定炮孔位置，命炮工兰某在距旧巷道水仓不足 2 m 的巷道东墙处（即旧巷道水仓正面）放两炮，直接破坏水仓的防水煤柱。9 时 30 分，容积约 2500 m^3 的积水从爆破点喷涌而出，从罗立恒井直接灌入蒙甲井和蒙乙井，又由蒙乙井灌入蒙丙井，致蒙甲井2人、蒙乙井8人、蒙丙井2人，共死亡12人，轻伤1人。

◎ **事故原因**

（1）个体煤矿未经批准，乱采滥挖，冒险蛮干，擅自开采国家严禁开采的防水煤柱，导致事故发生。

（2）矿管部门、乡企办和村公所对矿主擅自滥挖防水煤柱不加制止，还给予供电，直至酿成这次事故。

◎ **防范措施**

（1）加强小煤矿的管理。

（2）严禁开采防水煤柱、水仓煤柱。

5. 有重大透水险情继续冒险作业

案例：河南省平顶山某煤矿透水事故

1988年1月1日10时10分，河南省平顶山市鲁山县梁洼镇南街村煤矿主副井贯通巷掘进头发生一起透水事故，死亡11人。

◎ **事故经过**

1988年1月1日10时10分，该煤矿主副井贯通巷掘进头出现空气变冷、煤壁“挂汗”、裂缝滴水、炮眼向外流水、顶板滴水、水响声、臭鸡蛋味等透水预兆时，工人两次找到矿领导请求下井察看险情，矿领导却不管不问，既不撤人，又不向上级汇报处理，强令工人冒险作业，导致透水事故，造成11人死亡，直接经济损失25万元。

◎ **事故原因**

（1）没有执行“有疑必探，先探后掘”的探放水原则，发现严重险情既不撤人，又不向上级汇报处理，强令工人冒险作业，导致这次事故的发生。

（2）矿领导班子不懂业务，管理混乱，没有树立“安全第一”的思想，致使造成这次事故。

（3）安全管理责任没有落实到镇、村，管理漏洞多，措施制度多流于形式，这也是造成这次事故的原因。

◎ **防范措施**

（1）煤矿应当加强对工人基本常识的培训。帮助工人了解“空气变冷、煤壁挂汗、裂缝滴水、炮眼向外流水、顶板滴水、水响声、臭鸡蛋味、夹钎子”等现象是透水预兆的常识。

（2）严肃处理矿领导班子成员的刑事责任。

（3）当地政府部门应加强对煤矿的监管。

三、正确操作规程

1. 煤矿探放水工操作规程

（1）上岗条件。

①应经专门培训，并考核合格，持证上岗。

②必须掌握探水钻机的操作要领和具备维护保养及排除故障的知识。

③应掌握探放水钻孔的布置、设计和施工方式。

（2）准备工作。

①下井前根据工作安排，准备、检查、带足本班所需的工具、材料等。

②装运钻机时应注意的问题。

◎装运钻机前要进行检查：钻机各部件要齐全，钻机油泵电机必须防爆，电压应与电源相符，电缆无漏电现象，钻杆、钻具等无损坏。

◎钻机装车后，要捆绑牢固。平巷运输时，两车之间要拉开一定距离，拐弯时要发出信号；斜巷运输时，听从上、下车场把钩人员的指挥。

◎装运不允许进脏物的部件时，要做好封堵。

③安装钻机前的准备工作。

◎进入安装地点前，应先检查巷道支护及通风等情况，发现问题及时处理。整修、加固钻场时，应清理干净脏杂物，挖好清水池，疏通好排水沟。

◎无风地点必须安设局部通风机或采用导风筒通风，在打钻过程中不准停风，且要有可靠的风电闭锁装置。

◎水压、机件、电源开关等均应良好可靠，符合要求。

（3）正常操作。

①安装钻机时应注意的问题。

◎钻场面积必须大于钻机座，周围要有足够的安全间隙，在运输巷道安设钻机时，要保证不影响运输。

◎安钻地点应底板平整，地梁木平稳卧入底板，四角打上立柱及斜柱。按中腰线摆正钻机。

◎机身安放平稳后，应上紧底固螺丝，各机械转动部分要安装防护栏、保护罩。

②操作前的准备工作。

◎钻机安装应牢固，油箱内的油位应合适，安全防护罩及防尘盖必须齐全。

◎各部分操作手把应处在正确位置。

◎调试钻机时，要求各转动部分运转正常，开关启动应灵活可靠。钻机空载运行 10 分钟，确认无问题后，方可接上钻杆、钻头，接通水源，由司机操作开始钻孔。

③钻孔时要严格按照技术人员标定的孔位及施工措施和设计方位、角度、孔深等进行施工，不经技术人员同意不得擅自改动。

④安装钻杆时应注意的问题。

◎先检查钻杆，应不堵塞、不弯曲、丝口未磨损；不合格的不得使用。

◎连接钻杆时要对准丝口，避免歪斜破坏钻杆丝口和漏水。

◎装卸钻头时，应严防管钳夹伤硬质合金片、夹扁钻头和岩芯管。

◎安装钻杆时，必须在安装完第一根后再安装第二根。

⑤钻头送入孔内开始钻进时，压力不宜太大，要轻压慢钻，以免崩刃或打坏变速齿轮，待钻头下到孔底、工作平稳后，压力再逐渐增大。

⑥采用清水钻进时，开钻前必须供水，水返回后才能给压钻进，并要保证有足够的流量，不准钻干孔。孔内岩粉多时，应加大水量，延长开泵时间，切实冲好孔后方可停钻。

⑦钻进时，钻工要认真观察钻机运转情况，即观察送水、钻孔的给排水、钻孔内的震动声音等情况。

⑧钻进过程中要准确进行测孔，一般每钻进 10 m 或换钻具时必须进行一次测孔，以核实孔深。

⑨钻机运转过程中要注意观察轴承部位、电机、油泵、轴套、横立轴齿轮等有无超温现象、有无异常声音，发现问题应立即停机，查找原因，及时处理。

⑩钻进过程中的注意事项。

◎发现岩石松动、片帮、来压、见水或孔内水量、水压突然加大或减小以及顶钻等异常情况时，必须立即停止钻进，但不得拔出钻杆，要立即派人监视水情，并迅速上报调度室。

◎钻孔透采空区发现有害气体喷出时，要停钻加强通风，并用黄泥封孔，同时向调度室汇报。

◎钻孔内发现瓦斯涌出加大、顶钻杆等现象时，要立即切断电源，人员撤至新鲜风流处，及时采取措施进行处理。

⑪更换钻头时，应注意孔径与钻头直径匹配，以免卡死钻头。临时停钻时，要将钻头退离孔底一定距离，防止岩粉卡住钻杆；停钻 8 小时以上时，应将钻杆拉出来。运钻具时，前后人员要互相联系，密切配合，以防造成伤人事故。

⑫提出钻具时的注意事项。

◎提钻前，要丈量探机上余钻杆长度，再开升降机的制动装置、离合装置、提引装置，紧卸工具要齐全、好用，发现问题及时处理。

◎提钻前必须用清水冲孔，排净岩粉。

◎在提钻过程中，钻工必须与其他工作人员紧密配合，操作要轻而稳，不得猛刹、猛放，不得超负荷作业，不得用手摸钻机或钻杆。其他工作人员必须站在钻具起落范围以外。

◎提出的钻杆必须清洗干净，摆放整齐有序。

◎钻杆提出后要用棉丝缠住两端，以防钻杆孔堵塞或丝口被破坏。

⑬启动时，注意力要集中，要求手不离操作手把、眼不离钻机，动作要准确、及时和迅速。

⑭机械调速的钻机，在正常情况下不得随意改变钻机速度，调速时必须先停电，变速箱停止运转后再变速。钻进仰角超过 25 度时，不准在钻孔正下方操作，以免钻杆滑落打伤人员。

⑮机器运转时，禁止用手、脚或其他物件直接接触制动机器运转部分，禁止将工具或其他物品放在钻机、油泵电机防护罩上。

⑯各种类型钻机的维修与保养按说明书进行，并建立“班保、周保、月保”制度。

⑰钻机不得在无人照管的情况下运转，钻机任何部位出现故障时都应立即停机检查。

⑱钻机外露的转动与滑动表面在每班开车前应擦拭干净，并涂机械油保养好注油部位。

⑲钻机或钻杆长时间不用时，应对所有外露表面进行清扫，并将各运转部位表面涂上黄油，机械外壳应涂防腐油。

⑳经常检查油箱的油位，保持油量适宜、油质清洁无杂质，并按规定更换新油。

㉑所有罩子和防尘盖要保持完整和齐全，钻杆螺纹部分、各种接头应经常用刷子清扫，并涂适量黄油。

㉒钻机或钻杆搬迁时，应将所有外露管口用丝堵、接头盖或棉纱堵好，防止灰尘进入或油液外漏。

（4）收尾工作。

①下班前应将本班工作情况及各种数据，如钻孔角度、方位、深度、设备运转情况等，全面、准确地记录下来。

②严格执行现场交接班制度，本班组长和记录员要按记录表格要求将本班情况记录清楚并签名。

③钻孔竣工后，应在队长的指挥下做好各种善后处理工作（如钻机的搬迁、检修、存放，钻杆、接头及操作阀的更换，钻孔的质量验收及有关资料移交等），为下次施工做好各种准备工作。

④探防队长应定期对探放水设备及工具进行清点，防止丢失。

2．主排水司机操作规程

（1）开车前的检查与准备。

①各部螺栓有无松动、是否齐全，联轴节的质量是否符合规定，防护罩应可靠。

②润滑油的质量是否合乎要求，油量是否适当，油环转动是否平稳、灵活，润滑系统的油泵、站、管路完好、可靠。

③填料松紧适当，真空表管和压力表管上的旋钮要关闭，指针在零位。

④吸水管路是否正常，底阀没入吸水的深度，吸水井内无影响吸水的杂物。

⑤闸阀和逆止阀开闭是否灵活，开泵前将闸阀全闭，以降低起动电流。

⑥电源电压表、电流表指示是否正常，接地线是否良好。

⑦各继电器是否齐全，运行是否可靠。

⑧电控设备各开关手把应在停车位置。

⑨向泵和吸水管中灌引水，同时打开放气阀，直到放气阀不冒气而完全冒水为止，再关上放气阀和放水阀。

⑩电动机滑环与碳刷应吻合良好。

⑪盘车 2 ～ 5 转，泵组转动灵活无卡阻现象。

（2）启动。

①戴绝缘手套，穿绝缘靴，合上启动开关。启动后，电动机达到正常转速时，慢慢打开闸阀，同时打开压力表和真空表旋钮，观察仪表读数。电流表和真空表读数应逐渐增加，压力表读数应逐渐减小。为避免水泵发热，在关闭闸阀时

运转不能超过3分钟。

②运转几分钟以后，检查水泵及电动机的平稳情况，检查轴承、填料箱和电动机温升情况。

（3）水泵运行中的注意事项。

①经常注意电压、电流的变化。当电流超过额定电流、电压超过正常的＋5%时，应停车检查原因并进行处理。

②各轴承温度不得超过75℃，电动机温度不超过额定温度，填料箱与泵壳不烫手。

③运转平稳，无振动现象。

④各部声音正常，无异响、杂音。

⑤负荷正常，各种指示表指针摆动很小。

⑥填料完好，滴水不成线。

⑦注意水井水位变化，水泵不得在泵内无水情况下运行，不得在汽蚀和闸阀闭死的情况下运行。

⑧每小时巡回检查一次，按时填写运行记录。

（4）停泵。

①慢慢关闭闸阀，使水泵进入空转状态。

②关闭真空表与压力表的旋钮。

③按停电按钮，停止电动机运行。

④长期停泵应将水泵内的水放掉，以防锈蚀或冻裂；每隔一定时间单独将电机空运以防受潮。

后　记

现实的煤矿安全事故中，由于安全意识不到位，习惯性违规作业导致的事故占绝大多数。“人”是安全生产各要素的第一位，只有加强对煤矿从业人员的安全培训，使其了解安全生产的重要性，掌握规范的操作的技能，才能从根本上预防事故，化解风险。本书将各种不同类型的事故融汇在一起进行编排，并对每起事故的发生、后果给予一针见血的点评。案例叙述与点评前呼后应，使读者在阅读中产生强烈的共鸣，感悟事故中血的教训。

本书涉及案例资料多，工作量大，编者对每个典型案例都进行了认真筛选，对违章行为进行了鞭辟入里的分析，历经反复推敲、细致求证、以臻完善。本书的完稿和出版，凝结了编写者的心血和智慧。在此，向参与编写工作的王伟、裴丛波、孙绍恒、王鹏、杨凯、胡宇、向台敏、冯潇、刘建广、卢志雄、王旭东、宋红攀、金田、张刘玉、宋宇星等同志致以诚挚的感谢。

图书在版编目（CIP）数据

煤矿生产作业违章行为典型案例及规范操作方法／《煤矿生产作业违章行为典型案例及规范操作方法》编写组编写．—北京：中国工人出版社，2015.12

ISBN 978-7-5008-6291-8

Ⅰ.①煤…　Ⅱ.①煤…　Ⅲ.①煤矿—生产作业—违章行为—案例②煤矿—安全生产—技术操作规程　Ⅳ.①TD7

中国版本图书馆CIP数据核字（2015）第296011号

煤矿生产作业违章行为典型案例及规范操作方法

出 版 人	芮宗金
责任编辑	石钰艳
责任校对	赵贵芬
责任印制	栾征宇
出版发行	中国工人出版社
地　　址	北京市东城区鼓楼外大街45号　邮编：100120
网　　址	http://www.wp-china.com
电　　话	（010）62350006（总编室）（010）62005039（出版物流部） （010）62382916（职工教育分社）
发行热线	（010）62013878；62070193　（010）62013286（传真）
经　　销	各地书店
印　　刷	北京睿特印刷厂
开　　本	710毫米×1000毫米　1/16
印　　张	11.75
字　　数	200千字
版　　次	2016年5月第1版　2016年5月第1次印刷
定　　价	28.00元